国家重点研发计划课题 2017YFC0804205
国家自然科学基金5167415851304128
新疆维吾尔自治区天池百人计划

急倾斜煤层煤与瓦斯协调开采技术研究与应用

陈建强　王　刚　黄旭超　赵　凯　著

U0318619

煤炭工业出版社

· 北　京 ·

图书在版编目（CIP）数据

急倾斜煤层煤与瓦斯协调开采技术研究与应用/陈建强
等著． --北京：煤炭工业出版社，2019
ISBN 978 - 7 - 5020 - 7346 - 6

Ⅰ．①急… Ⅱ．①陈… Ⅲ．①急倾斜煤层—地下采煤—研究 ②瓦斯涌出—研究 Ⅳ．①TD823.21 ②TD712

中国版本图书馆 CIP 数据核字(2019)第 054801 号

急倾斜煤层煤与瓦斯协调开采技术研究与应用

著　　者	陈建强　王　刚　黄旭超　赵　凯
责任编辑	唐小磊
编　　辑	李世丰
责任校对	邢蕾严
封面设计	罗针盘

出版发行　煤炭工业出版社（北京市朝阳区芍药居 35 号　100029）
电　　话　010 - 84657898（总编室）　010 - 84657880（读者服务部）
网　　址　www. cciph. com. cn
印　　刷　北京虎彩文化传播有限公司
经　　销　全国新华书店
开　　本　710mm × 1000mm$^1/_{16}$　**印张**　16$^1/_2$　**字数**　294 千字
版　　次　2019 年 11 月第 1 版　2019 年 11 月第 1 次印刷
社内编号　20192123　　　　　**定价**　68.00 元

前　言

　　据统计，我国西部各省 50% 以上的煤矿所开采煤层为急倾斜煤层。新疆维吾尔自治区是我国 14 个亿吨级大型煤炭生产基地之一，其急倾斜煤层储量占世界同类煤层的 30% 以上。急倾斜煤层是一种较为复杂和特殊的煤层赋存形式，与水平和倾斜煤层相比，其开采工艺和方法存在极大差别。

　　水平或斜切分段综采放顶煤法是新疆维吾尔自治区急倾斜煤层高效集约化开采的主要方式。在急倾斜煤层水平分层开采过程中，研究煤层瓦斯赋存，以及瓦斯流动规律对指导矿井瓦斯灾害治理意义重大。随着水平分层开采进行，处于下部不同深度的煤体受到的采动应力作用不同，原有的原岩应力平衡状态被打破；不同深度上煤体应力、变形不同导致不同深度上的裂隙发育特征不尽相同；不同的裂隙带内，将出现不同的卸压瓦斯流动和汇集特征。研究急倾斜煤层开采分层下部煤体瓦斯流动规律及富集特征对急倾斜煤层水平分层工作面的安全开采及下部煤体的卸压瓦斯抽采至关重要。卸压瓦斯抽采存在一定的规律，掌握其规律可指导后续的卸压瓦斯抽采工程的设计、施工及管理。随着煤层开采深度的增加，煤层瓦斯含量越来越高、瓦斯压力越来越大；因此，急倾斜煤层水平分层开采工作面下部煤体卸压瓦斯治理急需进行系统、深入的研究，为保障后期安全生产提供理论支撑和技术指导。鉴于理论和实际的需要及读者的要求，特写此书奉献给广大读者。

　　本书是作者在跟踪国内外覆岩裂隙发育规律及瓦斯运移规律研究的基础上，通过大量的理论、室内实验、数值模拟对急倾斜煤层煤与瓦斯协调开采技术进行研究，并与生产实践相结合所形成的技术体系，是一部反映最新科技研究成果的书籍。希望本书的研究成果对急倾斜煤层煤与瓦斯协调开采能够起到推动作用。本书共 10章，第 1 章介绍急倾斜煤层开采煤体瓦斯赋存及流动规律；第 2~3章介绍急倾斜煤层分层开采应力分布演化规律及裂隙分布演化规律；第 4 章建立了采动影响下含瓦斯煤体卸压瓦斯运移模型；第 5 章进行急倾斜煤层水平分层开采应力场、裂隙场三维数值分析；第 6 章重点阐述急倾斜煤层分层开采工作面瓦斯涌出规律；第 7 章介绍急倾斜煤层水平分层开采工作面瓦斯涌出量预测方法研究；第 8 章建立急倾斜煤层煤与瓦斯共采成套技术体系；第 9~10 章针对建立的抽采成套技术体系在乌东煤矿进行现场应用，针对抽采效果提出了抽采评价体系。

由于急倾斜煤层煤与瓦斯协调开采涉及面广，影响因素众多而复杂，本书介绍的还只是阶段性进展及成果，很多问题远未穷尽，加之时间仓促、作者水平有限，书中不当之处在所难免，恳请专家、同行和广大读者批评指正。

作　者

2019 年 6 月

目　　次

1 急倾斜煤层开采煤体瓦斯赋存及运移规律研究

1.1 绪论

　　煤是一种包含孔隙、裂缝的双重介质，具有很大的比表面积，对瓦斯有很强的吸附能力。瓦斯在煤层中的赋存状态包括吸附和游离两种状态。大量研究表明，煤体对瓦斯的吸附可由朗格缪尔方程表示。根据前人研究成果，瓦斯在小孔与微孔内的运移主要为扩散运动，在中孔以上的孔隙及裂隙内的运移基本上以渗流运动为主。

　　据统计，我国西部各省（自治区、直辖市、新疆生产建设兵团）的煤矿有超过 50% 所开采煤层为急倾斜煤层。新疆维吾尔自治区是我国 14 个亿吨级大型煤炭生产基地之一，其急倾斜煤层储量占世界同类煤层的 30% 以上，主要集中在库拜煤田和准噶尔煤田。准噶尔盆地南部乌鲁木齐煤田的急倾斜煤层的探明储量约 3.6×10^9 t，占我国同类煤层储量的 25% 以上。急倾斜煤层是一种较为复杂和特殊的煤层赋存形式，与水平和倾斜煤层相比，其开采工艺和方法存在极大差别。急倾斜煤层的采煤方法包括大倾角走向长壁采煤法、柔性掩护支架采煤法、水平分段巷道放顶煤采煤法、水平分段综采放顶煤采煤法、斜切分段综采放顶煤采煤法等，其中，水平或斜切分段综采放顶煤法是新疆维吾尔自治区煤层高效集约化开采的主要方式。2007 年，中国煤炭工业协会和神华集团有限责任公司邀请专家到新疆维吾尔自治区考察论证，最后经国家煤矿安全监察局批准，采用水平分段综采放顶煤采煤法，其采放比可突破 1:3，但最大不超过 1:8。2016 年，修订《煤矿安全规程》时，第一百一十五条正式将急倾斜水煤层平分段综采放顶煤采放比控制到 1:8 以内。然而，放顶煤高度的增大会导致矿井瓦斯、动力灾害和水害等灾害发生概率大大增加。为了保证急倾斜煤层的安全回采，就必须要掌握急倾斜煤层开采过程中的覆岩裂隙的发育规律及瓦斯运移规律，减小矿井瓦斯、动力等灾害带来的负面影响。

在急倾斜煤层水平分层开采过程中，研究煤层瓦斯赋存以及瓦斯流动规律对指导矿井瓦斯灾害治理意义重大。随着水平分层开采进行，处于下部不同深度的煤体受到采动应力的作用不同，原有的原岩应力平衡状态被打破；不同深度上煤体应力、变形不同导致不同深度上的裂隙发育特征不尽相同；不同的裂隙带内，将出现不同的卸压瓦斯流动和汇集特征。研究急倾斜煤层开采分层下部煤体瓦斯流动规律以及富集特征将对急倾斜煤层水平分层工作面的安全开采及下部煤体的卸压瓦斯抽采至关重要。

在采空区与下部煤体瓦斯压力差的作用下，下部煤体卸压瓦斯会通过采动裂隙涌向采空区。然而，如果人为施加钻孔对下部煤体进行卸压瓦斯抽采，那么卸压瓦斯有可能会进入采空区，也有可能进入抽采钻孔；下部煤体卸压瓦斯的流动方向是流向上分层采空区或回采工作面还是抽采钻孔，取决于瓦斯流动中的沿程阻力。因此，确定合理有效的钻孔间距以及钻孔终孔层位是卸压瓦斯抽采的关键。钻孔间距与下部煤体的卸压程度、煤层透气性变化、煤层瓦斯压力、煤层瓦斯含量等具有直接关系。卸压瓦斯抽采存在一定的规律，掌握其规律可指导后续的卸压瓦斯抽采工程的设计、施工及管理。随着煤层开采深度的增加，煤层瓦斯含量越来越高，瓦斯压力越来越大。因此，急倾斜煤层水平分层开采工作面下部煤体卸压瓦斯治理亟须进行系统、深入的研究，为保障后期安全生产提供理论支撑和技术指导。

1.2 煤层瓦斯赋存特征

煤体中瓦斯的赋存状态一般有吸附和游离两种，在煤层赋存的瓦斯量中，通常吸附瓦斯量占 80%～90%，游离瓦斯量占 10%～20%。煤体的吸附瓦斯是可逆的，即吸附与解吸是一个可逆的过程。正常情况下，吸附瓦斯和游离瓦斯在外界条件不变的情况下处于动平衡状态。当环境条件的改变有利于游离瓦斯分子存在时，吸附状态的瓦斯就会从煤体表面和煤体内部进入空隙中，成为游离状态的瓦斯，这一过程称为解吸；反之，处在游离状态的瓦斯就会吸附在煤体空隙表面或进入煤体内，成为吸附状态的瓦斯。随着对煤层瓦斯的深入研究，发现煤体内瓦斯的赋存状态不仅有吸附（固态）和游离（气态），而且还有瓦斯的液态和固溶体状态。煤内瓦斯赋存状态如图 1-1 所示。

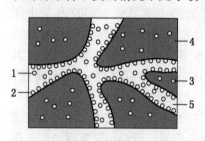

1—游离瓦斯；2—吸附瓦斯；
3—吸收瓦斯；4—煤；5—孔隙

图 1-1　煤内瓦斯赋存状态示意图

1.3 卸压瓦斯运移及影响因素分析

煤层瓦斯的流动主要取决于煤体的渗透性。煤体的渗透性除了与煤体自身的孔、裂隙的发育程度有关，还受到其他因素的影响。根据渗流力学，流体在煤岩体的渗透性是通过渗透率与渗透系数的大小来衡量的。

渗透率是岩体介质特征的函数，它描述了岩体介质的一种平均性质，表示岩体介质传导流体的能力。对于均质各向同性孔、裂隙介质而言，其渗透率：

$$k = cd^2 \tag{1-1}$$

式中 k——多孔介质渗透率；

$\quad\quad$ d——煤岩颗粒的有效粒径；

$\quad\quad$ c——比例常数。

渗透系数则是表征岩体介质渗透性能的重要指标，可表征某一区域内介质的平均渗透性，与煤岩体的渗透率 k 和流体的黏度 μ 有关。为便于研究煤层中瓦斯的流动规律，将瓦斯在煤层的渗透性用透气性系数 λ 表征。煤层透气性系数与渗透率的关系：

$$\lambda = \frac{k}{2\mu p_n} \tag{1-2}$$

式中 μ——动力黏度，Pa·s；

$\quad\quad$ p_n——单位大气压力，MPa。

煤层透气性系数是煤层瓦斯流动难易程度的标志，是确定煤层瓦斯抽采的一个关键性指标。透气性系数越大，瓦斯在煤岩体中流动越容易，瓦斯越容易被负压抽出。透气性系数常用的单位为 $m^2/(MPa^2 \cdot d)$、mD、$m^2/(MPa \cdot d)$，渗透率单位为 m^2，透气性系数为渗透率的 2.4×10^{-17} 倍。

煤岩体的渗透性受到众多因素影响，以往研究表明，煤岩渗透性与孔隙率、瓦斯的解吸收缩效应、克林伯格（Klinkenberg）毛细效应、孔隙压缩作用有关。

1.3.1 孔隙变化对渗透性的影响

1. 孔隙特征

煤是一种复杂的多孔介质，其孔隙结构对于煤中瓦斯的吸附性、煤的渗透性和强度特征有重要影响。大量研究表明，煤是一种由孔、裂隙组成的双重介质系统。煤基质孔隙系统和裂隙孔隙系统，它们共同构成了煤中瓦斯赋存的容积和运移的系统。基质孔隙又称原生孔隙，是指煤基质块体中未被固体物充填的空间。煤的基质孔隙一般是由 0.002~0.04 μm 微孔组成，但因其数量巨大，具有庞大的内表面积。流体分子和固体物质之间的吸引力很大，因此，可以吸附大量的瓦斯气体。煤的基质孔隙是煤层中瓦斯的储集能力的一个重要参数。国内外大部分学者把对孔径的分布、分类作为含瓦斯煤岩孔隙特征研究的重点和研究瓦斯赋存与流动理论的基础。煤孔隙的分类有按成因分类见表 1-1，按大小进行分类见表 1-2。

表1-1　煤中孔隙类型以及成因

类型		成 因 类 型
原生孔	结构孔	成煤植物本身所具有的细胞结构孔
	屑间孔	镜屑体、惰屑体和壳屑体等碎屑状颗粒之间的孔
变质孔	链间孔	凝胶化物质在变质作用下缩聚而形成的链之间的孔
	气孔	煤变质过程中由生气和聚气作用而形成的孔
	角砾孔	煤受构造应力破坏而形成的角砾之间的孔
外生孔	碎粒孔	煤受构造应力破坏而形成的碎粒之间的孔
	摩擦孔	压应力作用下面与面之间摩擦而形成的孔
	铸模孔	煤中矿物质在有机质中因硬度差异而铸成的印坑
矿物质孔	溶蚀孔	可溶性矿物质在长期气、水作用下受溶蚀而形成的孔
	品间孔	矿物品粒之间的孔

表1-2　煤中基质孔隙的类型及特征　　　　　　　　　　　mm

序号	孔径分布直径	类别	孔隙结构特征	油气运移和储集	气体扩散孔隙类型
1	<10	微孔	具有较多的墨水瓶状孔隙和不平行板状毛细管孔隙	气体能储集，但不利于运移	气体分子型扩散孔隙
2	10~100	小孔	以不平行板状孔隙为主，有一部分墨水瓶状孔隙	易于气体储集，但不利重烃气体的运移	
3	100~1000	中孔	以管状孔隙、板状孔隙为主，间有不平行板状孔隙	易于液态烃、气态烃储集和运移	气体体积型扩散孔隙
4	>1000	大孔	多以管状孔隙、板状孔隙为主	易于液态烃、气态烃储集和运移，排驱效果好	

煤的孔隙率是孔隙的总体积和煤的总体积之比。它可大致反映出煤体储集气、水、油的能力。煤的孔隙率越大，表示煤体孔隙容积越大、储集流体的能力越大。通常在知道视密度和真密度情况下可以采用式（1-3）计算。

$$\phi = \left(1 - \frac{d'}{d}\right) \times 100\% \tag{1-3}$$

式中　ϕ——煤的孔隙率，%；

　　　d'——煤的真密度，g/cm^3；

　　　d——煤的视密度，g/cm^3。

2. 孔隙率变化对渗透率影响

当煤的孔隙率发生变化时，煤的渗透率也会变化，从而影响煤中瓦斯的流动。煤体中的瓦斯主要以物理吸附和游离赋存，对于物理吸附，它所涉及的主要是范德华（Vander Waals）力（作用范围为 0.3~0.5 nm）。在煤体内部的一个分子，由于没有被周围同种分子完全包围，分子受到垂直指向吸附剂本体内的吸引力，即表层分子受到表面张力的作用，当瓦斯含量降到零时，可认为煤体实际已处于应变状态。此时，使处于应变状态的是分子本身的范德华力。当煤体介质中的瓦斯含量增多时，煤的表面张力将减小，这使得煤的应变变小，相对而言表现为体积膨胀，含瓦斯煤体吸附瓦斯后发生的应变为吸附膨胀应变。

$$\varepsilon_s = \frac{2a\rho_s RT(1-2\mu)}{3\mu E}\ln(1+bP) \tag{1-4}$$

式中　ε_s——吸附膨胀应变，%；

　　　a——极限吸附量，m^3/kg；

　　　b——吸附常数，MPa^{-1}；

　　　R——热力学常数，$8.3143 J/(kg \cdot K)$；

　　　μ——煤的泊松比；

　　　T——煤体温度，K；

　　　E——弹性模量，MPa；

　　　P——孔隙压力，MPa；

　　　ρ_s——煤体视密度，kg/m^3。

煤因吸附膨胀产生膨胀应力，在假设煤各向吸附性能相同的基础上，力学性能相同且吸附特性不受到外力影响，则可得煤体膨胀应力。

$$\sigma_s = E\varepsilon_s = \frac{2a\rho_s RT(1-2\mu)}{3V}\ln(1+bP) \tag{1-5}$$

在相同温度、孔隙压力条件下，煤体和瓦斯气体吸附能力越强，膨胀变形和膨胀应力越大，泊松比越小；膨胀应力就越大，煤的弹性模量越小，变形量越大。

根据孔隙率定义，可得到煤的初始孔隙率。

$$\phi_0 = \frac{V_p}{V} = 1 - \frac{V_S}{V} \tag{1-6}$$

式中　ϕ_0——煤体初始孔隙率，%；

　　　V——煤体的总体积，m^3；

　　　V_S——煤体骨架体积，m^3；

　　　V_p——煤体的孔隙体积，m^3。

在工程实践中，受采动应力等其他参数的影响，煤体的孔隙率随着采动应力和瓦斯压力的变化而变化。根据煤体的组成和煤体体积应变的定义，可得由体积应变表示的孔隙率模型。

$$\phi = 1 - \frac{1 - \varphi_0}{1 + \varepsilon_v}\left(1 + \frac{\Delta V_S}{V_{S0}}\right) \tag{1-7}$$

忽略温度变化对煤体变形的影响，则

$$\frac{\Delta V_S}{V_{S0}} = \frac{\varepsilon_s}{1 - \phi_0} - K\Delta P \tag{1-8}$$

式中　K——体积模量，MPa；

　　　ΔP——瓦斯压力改变量，MPa。

利用 Kozeny-Carman 方程可以得渗透率和膨胀变形之间的关系。

$$k = \frac{\phi}{K_Z S_A^2} \tag{1-9}$$

式中　k——渗透率；

　　　K_Z——量纲 1 的常数，取值为 5；

　　　S_A——煤体单位孔隙体积的孔隙表面积。

$$\frac{k}{k_0} = \frac{1}{1 + \varepsilon_v}\left[1 + \frac{\varepsilon_v - (\varepsilon_s - K\Delta P)}{\phi_0}\right]^3 \tag{1-10}$$

当忽略煤层瓦斯压力对煤体变形的影响时，可得式（1-11）、式（1-12）。

$$\phi = \frac{\phi_0 + \varepsilon_v}{1 + \varepsilon_v} \tag{1-11}$$

$$\frac{k}{k_0} = \frac{1}{1 + \varepsilon_v}\left(1 + \frac{\varepsilon_v}{\phi_0}\right)^3 \qquad (1-12)$$

以上是理论分析，而在数值计算和过程应用中，采用经验公式。在实验中对于孔隙率变化与渗透率关系，往往只能通过研究对孔隙率有决定影响的有效应力与渗透率之间的关系。

1.3.2 克林伯格效应

含瓦斯煤岩体是多孔介质体，在多孔介质中气、液体渗流的一个主要区别就是在固体壁上气体渗流表现出速度不等于零的滑脱现象（克林伯格效应）。滑脱的本质是由于气体分子的平均自由路程与流体场特征尺度在同一量级上，流体分子就会与毛管表面相互作用，从而造成气体分子沿孔隙表面滑移，增加了分子流速。对于不同的材料其物理过程也不相同，比如流体的表面吸附，气体在表面的凝析而蒸发，与管壁接触后由壁面的空隙暂时俘获。在流体力学中把这种由流体和固体分子间的相互作用产生的效应称为克林伯格（KlinKenberg）效应。其渗透率的表达式：

$$k = k_0\left(1 + \frac{b_s}{P_m}\right) \qquad (1-13)$$

$$b_s = \frac{4c_s}{r}P_m \qquad (1-14)$$

$$r = \frac{k_b T}{\sqrt{2}\,d^2 P_m} \qquad (1-15)$$

式中　　k——渗透率；

k_0——初始渗透率；

P_m——平均压力；

b_s——滑脱因子；

c_s——比例因子；

r——孔隙的平均半径，为气体分子平均自由程；

k_b——波尔兹曼气体常数；

d——气体分子直径；

T——绝对温度，K。

1.3.3 应力变化对渗透性影响

透气性系数越大，瓦斯在煤岩体中越容易流动，且透气性系数取决于煤岩体的渗透率。因此，研究急倾斜煤层水平分层开采工作面围岩透气性变化应该从渗透性入手，同时考虑上分层开采应力变化对煤岩体透气性变化的影响。在煤层开采过程中，采掘工程破坏了原岩应力场的平衡和原始瓦斯压力的平衡，使得采掘空间周围的应力重新分布和瓦斯流动状态发生改变。在影响瓦斯流动的基本参数中，广大学者对应力与煤体渗透率之间的关系进行了大量实验研究，证明煤岩体渗透率对地应力最为敏感，在零应力状态下其渗透率比原始应力状态下的渗透率高出两个数量级或更多。也正是因为煤层渗透率对应力的敏感，采用一定措施使煤层卸压是提高煤层渗透率、提高瓦斯抽采率和提高瓦斯抽采效果的重要技术。对于应力与煤体渗透率之间的关系，常用有效应力来表达应力与煤体渗透率之间的关系。

受上分层煤层开采影响，下煤体应力重新分布，在工作面对应下部煤体前方一定范围形成应力集中区，在采空区下部一定范围内形成应力降低区。随着工作面推进，采场周围煤岩体应力发生变化；在变化过程中，采场周围煤体的渗透性也将随着煤体应力变化而变化。煤层卸压区内透气性增加，在集中应力区内透气性降低。这种上分层煤层的开采而导致下部煤体的应力升高与降低从而导致渗透率变化的过程很难进行现场测试。因此，一般是通过实验室来模拟这一过程，并得出相应的数学描述式。

（1）Jones 通过实验得出渗透系数经验方程。

$$K = K_0 \left[\log \left(\frac{\sigma_0}{\sigma} \right) \right]^3 \qquad (1-16)$$

式中　　K——渗透率，m^2；

　　　　K_0——原始渗透率，m^2；

　　　　σ_0——$K=0$ 时的有效应力，N；

　　　　σ——有效应力，N。

（2）1976 年，Louis 和 Peuga 通过实验得出渗透率计算式。

$$K = K_0 \exp(-\alpha \sigma) \qquad (1-17)$$

式中　　α——取决于煤岩体裂隙状态的系数。

（3）赵阳升公式。

$$K = a_0 \exp(a_1 \Theta + a_2 P^2 + a_3 \Theta P) \qquad (1-18)$$

式中　a_0、a_1、a_2、a_3——拟合系数；

　　　　Θ——有效体积应力，N；

　　　　P——瓦斯压力，MPa。

（4）东北大学杨天鸿等人给出了孔隙率、渗透率与有效应力之间的关系，如图1-2所示。

$$\phi = (\phi_0 - \phi_r)\exp(\alpha_\phi \sigma_v') + \phi_r \tag{1-19}$$

$$\sigma_v' = \frac{\sigma_1 + \sigma_2 + \sigma_3}{3} + \alpha_\phi P \tag{1-20}$$

$$K = K_0 \exp\left[22.2\left(\frac{\phi}{\phi_0} - 1\right)\right] \tag{1-21}$$

式中　α_ϕ——渗透系数应力敏感系数；

　　　　ϕ_r——高压缩应力状态下的孔隙率；

　　　　σ_v'——平均有效应力，N。

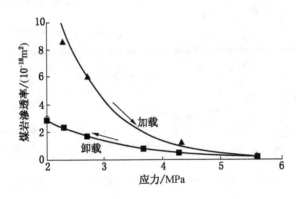

图1-2　煤层渗透性与围岩应力的关系

（5）Mckee提出的渗透率与有效应力的关系。

$$K = K_0 \exp(-3C\Delta\sigma) \tag{1-22}$$

式中　C——煤岩体的孔隙压缩系数；

　　　　$\Delta\sigma$——应力变化量，N。

（6）林柏泉教授等通过实验得到围岩压力与煤岩渗透率之间的关系。

在加载过程中，煤岩体渗透率随有效应力的增加呈现出负指数函数规律，可用式（1-23）来表示。

$$k = a\mathrm{e}^{-b\sigma} \tag{1-23}$$

在卸载过程中，煤岩体渗透率随有效应力的增加呈现出负幂函数规律，可用式（1-24）来表示。

$$k = k_0 \sigma^{-c} \qquad (1-24)$$

式中　　k_0——无应力状态下的渗透率，mD；

　　　　σ^{-c}——实验回归系数。

1.3.4　分层开采下部煤体渗透性系数演化规律

煤层透气性系数是瓦斯流动难易程度关键性因素，同时也是判断卸压程度的主要指标之一。受上分层煤层开采影响，下部煤体由原始应力状态进入应力集中带，随后进入卸压带，由于采空区垮落煤岩体的压实，其应力逐渐恢复，煤层渗透性系数随着煤层应力状态的改变而改变。保护层开采过程被保护层透气性系数变化曲线如图1-3所示。

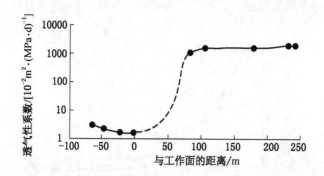

图1-3　保护层开采中被保护层透气性系数变化曲线

上述被保护层与保护层的层间距为70 m左右，根据该图看出随着保护层工作面的开采，下被保护层上某一位置渗透性系数的变化规律：初始值→小幅下降→大幅增加→稳定→后期下降。由于分层开采下部煤体垂直应力与倾斜煤层在煤层开采方向具有类似关系，因此，下部煤体透气性也具有相似的变化规律：初始值→小幅下降→大幅增加→稳定→后期下降。卸压瓦斯拦截抽采就是利用煤层透气性系数大幅增大后的稳定阶段对煤层卸压瓦斯进行抽采，进一步减小煤层瓦斯压力和煤层瓦斯含量。

在开采上保护层过程中，影响被保护煤层卸压的主要因素有层间距、保护层开采厚度等。不同的层间距和保护层开采厚度会对被保护煤层的应力产生重大影响，从而影响被保护煤层的透气性系数。通过研究，已知上保护层底板煤岩体的卸压程度随着层间距的增大逐渐减弱，被保护煤层的透气性系数也随着层间距的增大逐渐减小。根据学者对淮南、水城、宿州、沈阳、重庆等矿区有代表性的矿井开采上保护层的统计，在不考虑开采厚度情况下，开采上保护层后，被保护煤层透气性系数的变化倍数与层间距之间存在幂指数关系，如图1-4所示。

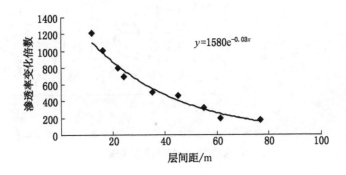

图 1-4　开采上保护层渗透率与层间距的变化关系图

开采上保护层后，被保护煤层透气性系数变化倍数与层间距的变化关系可以用式（1-25）表示。

$$\Delta\lambda = 1580e^{-0.03h} \tag{1-25}$$

通过前面的分析，可知在上分层煤层开采过程中，下部煤体中形成了原始应力带、集中应力带、卸压带以及应力恢复带。由于原始应力带不受采动影响，应变及裂隙等保持原始状态；由于集中应力带应力增大从而使瓦斯渗透率降低；而在采空区下方的卸压带由于卸压的作用，在下分层中形成裂隙，并最终导致下分层的渗透率增加。下部煤层与采空区之间通过裂隙网络相互连通，导致煤体中裂隙发育，使得下部一定范围内的瓦斯大量的涌入采空区。

1.3.5　下部卸压瓦斯流动规律

开采分层下部煤体如尚未进行瓦斯抽采时，其卸压瓦斯在压力差的作用下沿着煤层中形成的穿层裂隙流入开采分层工作面，瓦斯流动过程如图 1-5a 所示。当在下部煤层中布置专用瓦斯抽采巷道，在巷道中布置钻孔进行瓦斯抽采时，工作面下部煤体中的瓦斯一部分流入经过煤层中离层裂隙流入抽采钻孔，另一部分流入经穿层裂隙流入开采分层工作空间，瓦斯流动如图 1-5b 所示。

如果能够进行下部煤体卸压瓦斯拦截抽采钻孔合理布置，尽量多让卸压瓦斯进入瓦斯抽采钻孔从而减少卸压瓦斯流入回采空间。

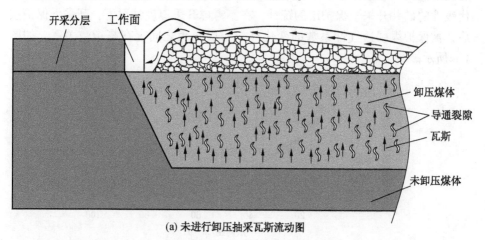

(a) 未进行卸压抽采瓦斯流动图

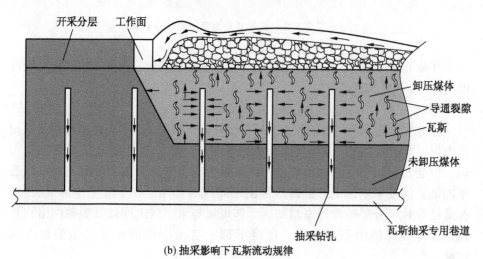

(b) 抽采影响下瓦斯流动规律

图 1-5　下部煤体卸压瓦斯流动及抽采示意图

随着开采分层工作面向前推进，沿走向下部分为"三带"。在应力降低带，煤层瓦斯具备了卸压增透增流条件，由煤岩体移动滞后的影响，又形成了初始卸压增透增流带、卸压充分高透高流带。随着工作面采空区的逐渐压实，卸压瓦斯抽采进入地压恢复减透减流带，该带内的瓦斯透气性仍比原始煤体要高。随着开采工作面不断推进，应力"三带"随工作面向前移动，造成下部煤体卸压瓦斯抽采"三带"分布也逐渐向前移动。不同开采时刻沿工作面走向底板煤岩体应力"三带"的变化规律如图1-6所示。

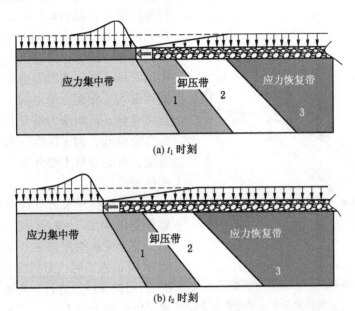

(a) t_1 时刻

(b) t_2 时刻

1—初始卸压增透增流带；2—充分卸压高透渗流带；3—地压恢复减透减流带

图1-6 不同时刻下部煤体应力"三带"分布

1.3.6 下部煤体卸压瓦斯抽采作用

随着上分层煤层的开采，下部煤体形成采动裂隙；与开采分层距离不同，造成下部煤体裂隙的发育程度及发育特征不同，煤体的裂隙发育特征决定卸压瓦斯的流动情况。因此，在分层开采之后，不同深度煤体瓦斯抽采情况不同。保护层开采邻近层瓦斯排放率与层间距关系如图1-7所示。急倾斜煤层水平分层开采，分层下部煤体的瓦斯排放率与层间距关系，行业尚未有相关研究，但是可在一定程度上看作为水平煤层邻近层瓦斯排放率与层间距的关系。从该图可看出缓倾斜上保护层开采过程中，瓦斯排放率随着间距增大而逐渐减小，瓦斯排放率基本与间距呈线性关系；在间距为40 m左右的邻近层瓦斯排放率约为10%，表明在超过40 m范围已基本无穿层裂隙与开采工作面采空区导通。研究表明，在保护层开采过程中，瓦斯排放率将受到保护层和被保护层中的岩体岩性影响。

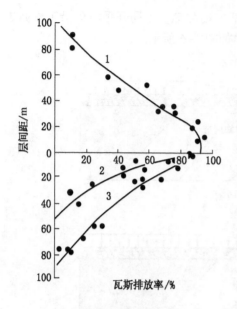

1—上邻近层；2—缓倾斜下邻近层；
3—倾斜、急倾斜下邻近层

图1-7　瓦斯排放率与层间距的关系

从排放率与层间距的分析发现，处于采空区下部不同深度范围煤体进行卸压瓦斯拦截抽采，其抽采效果是不同的。处于开采分层下伏底鼓裂隙带的煤体，随着上部分层开采，煤体中的卸压瓦斯经离层裂隙流入穿层裂隙再进入工作面开采空间，下部煤体瓦斯含量、瓦斯压力相对开采分层瓦斯含量较低。为了保障回采工作面的安全，有必要对下部卸压瓦斯进行拦截抽采。

上保护层开采后下保护层瓦斯排放率变化如图1-8所示。从图中看出，对于缓倾斜保护层开采，在层间距为40 m左右时，自然排放率已接近0；而对被保护层进行瓦斯抽采后排放率可以达到35%左右，其排放率直到80 m时才降低为0。因此，进行卸压瓦斯拦截抽采有助于提高瓦斯排放率。下部煤体卸压瓦斯抽采率与抽采钻孔间距、下部煤体卸压程度、瓦斯抽采时间、抽采负压息息相关，缩小钻孔间距、增加抽采时间能够有效提高下部煤体抽采率。

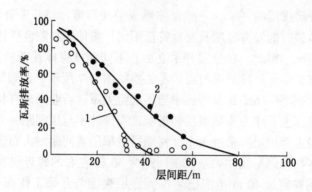

1—未进行瓦斯抽采；2—进行瓦斯抽采
图1-8　保护层开采瓦斯抽采对比情况

参 考 文 献

[1] 程远平，付建华，俞启香. 中国煤矿瓦斯抽采技术的发展 [J]. 采矿与安全工程学报，2009，26 (02)：127-139.

[2] 王刚，徐浩，武猛猛，等. 基于不同弹性本构方程的塑性区宽度及封孔长度研究 [J]. 岩土力学，2018，39 (07)：2599-2608.

[3] 王刚，李文鑫，杜文州，等. 变轴压加载煤体变形破坏及瓦斯渗流试验研究 [J]. 岩土力学，2016，37 (S1)：175-182.

[4] 韩军，张宏伟，霍丙杰. 向斜构造煤与瓦斯突出机理探讨 [J]. 煤炭学报，2008 (08)：908-913.

[5] 王刚，武猛猛，程卫民，等. 煤与瓦斯突出能量条件及突出强度影响因素分析 [J]. 岩土力学，2015，36 (10)：2974-2982.

[6] 王宏图，鲜学福，尹志光，等. 煤矿深部开采瓦斯压力计算的解析算法 [J]. 煤炭学报，1999 (03)：57-61.

[7] 韩军，张宏伟，朱志敏，等. 阜新盆地构造应力场演化对煤与瓦斯突出的控制 [J]. 煤炭学报，2007 (09)：934-938.

[8] 刘俊杰，乔德清. 对我国煤矿瓦斯事故的思考 [J]. 煤炭学报，2006 (01)：58-62.

[9] 王刚，武猛猛，王海洋，等. 基于能量平衡模型的煤与瓦斯突出影响因素的灵敏度分析 [J]. 岩石力学与工程学报，2015，34 (02)：238-248.

[10] 王刚，程卫民，郭恒，等. 瓦斯压力变化过程中煤体渗透率特性的研究 [J]. 采矿与安全工程学报，2012，29 (05)：735-739+745.

[11] 韩军，张宏伟，张普田. 推覆构造的动力学特征及其对瓦斯突出的作用机制 [J]. 煤炭学报，2012，37 (02)：247-252.

[12] 张振文，高永利，代凤红，等. 影响晓南矿未开采煤层瓦斯赋存的地质因素 [J]. 煤炭学报，2007 (9)：950-954.

[13] 王伟，程远平，袁亮，等. 深部近距离上保护层底板裂隙演化及卸压瓦斯抽采时效性 [J]. 煤炭学报，2016，41 (01)：138-148.

[14] 张铁岗. 平顶山矿区煤与瓦斯突出的预测及防治 [J]. 煤炭学报，2001 (02)：172-177.

[15] 屈争辉. 构造煤结构及其对瓦斯特性的控制机理研究 [D]. 中国矿业大学，2010.

2 急倾斜煤层分层开采应力分布及演化规律

2.1 急倾斜煤层分层开采应力分区

分层煤体采出之后，采空区周围煤岩应力场发生改变，形成支承压力带（增压区）和卸载带（减压区），如图2-1所示。在开采分层上、下边界的岩层形成支承压力带，其应力值的最大值可为原岩应力的几倍，在开采煤层顶、底板区域内形成卸载带，由于煤层较厚以及工作面水平布置的原因其分层下部一定范围煤体也会形成卸载带，在该区域内煤岩体应力小于原岩应力。受煤岩体卸载作用，开采煤层顶板岩体受下部岩层移动影响形成离层区。在开采分层下部煤体及煤层底板产生卸压，煤柱范围内应力集中，两种应力作用将使煤体及底板岩体鼓起。对采动围岩应力分区如图2-2所示。

受煤层倾角影响，在倾向上煤岩体垂直应力分布并不对称，但形状均基本一致。无论是沿煤层走向和煤层倾斜方向单侧应力可分为原岩应力带（原岩应力区）Ⅰ、应力集中带（应力集中区）Ⅱ、卸压带（卸压区）Ⅲ、应力恢复带（应力恢复区）Ⅳ。应力分区主要是依据煤岩体原岩应力线（b_1、b_2、

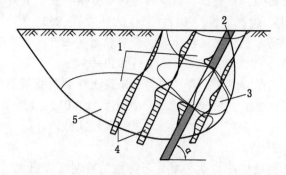

1—支承压力带；2—煤层；3—卸载带；4—应力图；5—工作面影响区边界

图2-1 回采工作面围岩应力分布图

b_3）来确定；围岩应力传播角与煤层倾角直接相关。根据分层开采应力分区情况发现，下部煤体卸压范围小于或等于开采分层采空区的面积，且沿煤层走向分区大小与距开采分层距离直接相关。

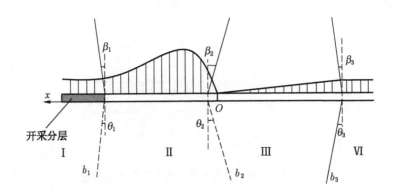

(a) 推进方向分区

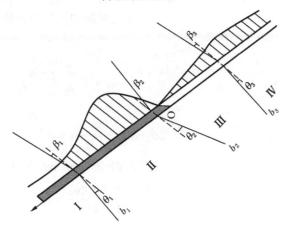

(b) 推进倾斜方向分区

图 2-2　围岩应力分区放大图

2.2　分层开采煤层支承压力分布一般规律

煤层开采后，回采工作面前方形成支承压力，支承压力分为原岩应力带（原岩应力区）Ⅰ、应力集中带（应力集中区）Ⅱ、卸压带（卸压区）Ⅲ也可分为极限平衡区Ⅵ（或者屈服区）和弹性区Ⅴ，如图2-3所示。弹性区煤层处于弹性变形状态，其分布是一个峰值处于弹塑性交界处且向工作面前方深部延伸并逐渐下降到原岩应力值的曲线，而塑性区煤层已破坏，塑性区支承压力沿着工作面走向从峰值至回采工作面逐步减小。

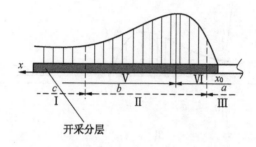

图2-3 回采工作面前方"横三区"的分布图

以下为工作面前方煤体屈服区的长度计算过程。

在煤层中取一宽度为 x，高度为 m 的煤层的微分单元体，其处于平衡状态时，沿 x 方向的合力为零。

$$2(C_0 + \sigma_x \tan\varphi)\mathrm{d}x + \sigma_x m - \left(\sigma_x + \frac{\mathrm{d}\sigma_x}{\mathrm{d}x}\mathrm{d}x\right)m = 0 \qquad (2-1)$$

即

$$2C_0 + 2\sigma_x \tan\varphi - \frac{\mathrm{d}\sigma_x}{\mathrm{d}x}m = 0 \qquad (2-2)$$

当煤层达到极限平衡条件时，满足 Mohr-coulomb 准则。

$$\frac{\sigma_z + C_0\cot\varphi_0}{\sigma_x + C_0\cot\varphi_0} = \frac{1 + \sin\varphi_0}{1 - \sin\varphi_0} = K_1 \qquad (2-3)$$

由上式得

$$\mathrm{d}\sigma_x = \frac{\mathrm{d}\sigma_z}{K_1} \qquad (2-4)$$

代入式（2-1）得

$$2C_0 + 2\sigma_x \tan\varphi_0 - \frac{\mathrm{d}\sigma_z}{K_1\mathrm{d}x}m = 0 \qquad (2-5)$$

代入边界条件 $x = 0$，$\sigma_x = 0$ 解此微分方程得

$$\sigma_z = K_1 C_0\cot\varphi_0 \mathrm{e}^{\frac{2K_1 x\tan\varphi_0}{m}} - C_0 m\cot\varphi_0 \qquad (2-6)$$

18

代入煤层中最大集中应力值 $\sigma_z = n\gamma H$ 后即可得到煤体极限平衡区 IV（屈服区）的长度。

$$x_0 = \frac{m}{2K_1\tan\varphi_0}\ln\frac{n\gamma H + C_0\cot\varphi_0}{K_1 C_0\cot\varphi_0} \tag{2-7}$$

式中　φ_0——煤层内摩擦角，（°）；

　　　C_0——煤层内聚力，MPa；

　　　m——煤层采高，m；

　　　γ——上覆岩层的平均视相对密度，N/m³。

卸压区范围：

$$a = \frac{m}{2K_1\tan\varphi_0}\ln\frac{\gamma H + C_0\cot\varphi_0}{K_1 C_0\cot\varphi_0} \tag{2-8}$$

对于极限平衡区计算，国外有式（2-9）和式（2-10）两种经验公式。

$$x_0 = 0.015H \tag{2-9}$$

$$x_0 = \frac{m}{F}\ln(10\gamma H) \tag{2-10}$$

$$F = \frac{K_1 - 1}{\sqrt{K_1}} + \left(\frac{K_1 - 1}{\sqrt{K_1}}\right)^2 \tan^{-1}\sqrt{K_1} \tag{2-11}$$

回采工作面周围煤岩体支承压力沿工作面推进方向是动态变化的。在实际开采过程中工作面自开采切眼至基本顶初次来压前，支承压力逐渐增大到最大值；基本顶超前煤壁前方支承压力峰值处断裂形成来压，随着工作面推进，其前方支承压力发生周期性变化。

2.3　分层开采下部煤岩体应力演化规律

　　分层煤层开采后，下部煤岩体视为层状煤岩组成的半无限体。根据弹性力学—集中载荷 P 在下部 M 点产生的影响如图 2-4 所示。在下部煤岩体内任意一点 $M(x, y)$ 引起的应力可用式（2-12）表达。作用在均质且各向同性的空间半无限平面边界上的微应力 $q(\xi)\mathrm{d}\xi$，M 点与微小集中力的垂直和水平距离分别为 y 和 $x-\xi$，在 M 点产生应力可用式（2-12）表达，具体如图 2-5 所示。

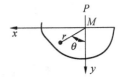

图 2-4　平面任意一点
应力传播图

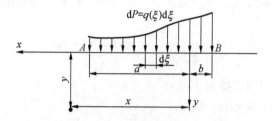

图 2-5 平面体任意一点应力传播图

$$
\begin{cases}
\sigma_y = -\dfrac{2P}{\pi}\dfrac{y^3}{[x^2+y^2]^2} \\[3mm]
\sigma_x = -\dfrac{2P}{\pi}\dfrac{x^2 y}{[x^2+y^2]^2} \\[3mm]
\tau_{xz} = -\dfrac{2P}{\pi}\dfrac{xy^2}{[x^2+y^2]^2}
\end{cases}
\tag{2-12}
$$

$$
\begin{cases}
\mathrm{d}\sigma_y = -\dfrac{2q(\xi)\mathrm{d}\xi}{\pi}\dfrac{y^3}{[y^2+(x-\xi)^2]^2} \\[3mm]
\mathrm{d}\sigma_x = -\dfrac{2q(\xi)\mathrm{d}\xi}{\pi}\dfrac{y(x-\xi)^2}{[y^2+(x-\xi)^2]^2} \\[3mm]
\mathrm{d}\tau_{xz} = -\dfrac{2q(\xi)\mathrm{d}\xi}{\pi}\dfrac{y^2(x-\xi)}{[y^2+(x-\xi)^2]^2}
\end{cases}
\tag{2-13}
$$

为求出全部分布力引起的应力，只需将各个微小集中力所引起的应力相叠加，即求解上式的积分，积分范围为 $q(\xi)$ 所在区域，经计算得式（2-14）。

$$
\begin{cases}
\sigma_y = -\dfrac{2}{\pi}\displaystyle\int_{-b}^{a}q(\xi)\dfrac{y^3}{[y^2+(x-\xi)^2]^2}\mathrm{d}\xi \\[4mm]
\sigma_x = -\dfrac{2}{\pi}\displaystyle\int_{-b}^{a}q(\xi)\dfrac{y(x-\xi)^2}{[y^2+(x-\xi)^2]^2}\mathrm{d}\xi \\[4mm]
\tau_{xz} = -\dfrac{2}{\pi}\displaystyle\int_{-b}^{a}q(\xi)\dfrac{y^2(x-\xi)}{[y^2+(x-\xi)^2]^2}\mathrm{d}\xi
\end{cases}
\tag{2-14}
$$

式（2-14）是集中载荷 P 作用下的应力分布情况，对于倾斜煤层开采的支承压力在底板的传播分布，国内外学者通过有限元计算，得出沿走向、倾斜方向底板岩体中重新应力分布，如图 2-6 所示。在急倾斜煤层开采过程底板应力分布与该图具有类似规律，而急倾斜煤层下部煤体、底板应力沿走向具有相似之处，不同之处在于沿煤层工作面长度方向上作用应力并不相等。

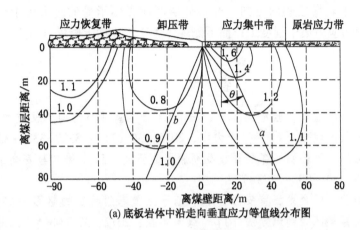

(a) 底板岩体中沿走向垂直应力等值线分布图

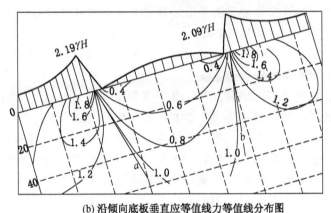

(b) 沿倾向底板垂直应等值线力等值线分布图

图 2-6　采煤工作面围岩应力等值线分布图

从图中看出：

（1）煤层开采之后，在工作面下部煤体内形成卸压带，在工作面两侧下部煤体中形成应力集中带，两者以下部煤体原岩应力等值线为边界，且原岩应力等值线与煤层倾向呈斜交关系。

（2）沿着煤层倾斜方向，煤层底板的垂直应力呈非对称分布，垂直应力在煤层底板中呈现下大上小分布。

（3）沿着煤层走向方向，下部煤体垂直应力在采空区下部形成卸压带，在工作面两侧下部形成应力集中带，在应力集中带以外范围为原岩应力带，卸压带与煤柱之间形成应力恢复带，原岩应力等值线与煤层走向呈斜交关系。

（4）沿着煤层倾向方向，开采分层两侧煤体承受的应力集中程度不同，具体表现为应力集中程度工作面下侧煤体大于工作面上侧煤体。

参 考 文 献

[1] 王刚，杨鑫祥，张孝强，等．基于CT三维重建与逆向工程技术的煤体数字模型的建立 [J]．岩土力学，2015，36（11）：3322-3328+3344.

[2] 于宝海，王德明．煤层释放瓦斯膨胀能研究 [J]．采矿与安全工程学报，2013，30（05）：773-777.

[3] 魏国营，门金龙，贾安立，等．基于上覆基岩特征的赵固一矿井田煤层瓦斯富集区的判识方法 [J]．煤炭学报，2012，37（08）：1315-1319.

[4] 周革忠．回采工作面瓦斯涌出量预测的神经网络方法 [J]．中国安全科学学报，2004（10）：21-24+1.

[5] 范雯．金能煤矿瓦斯赋存规律研究 [J]．西安科技大学学报，2013，33（03）：265-270.

[6] 王猛，朱炎铭，王怀勐，等．开平煤田不同层次构造活动对瓦斯赋存的控制作用 [J]．煤炭学报，2012，37（05）：820-824.

[7] 王刚，程卫民，郭恒，等．瓦斯压力变化过程中煤体渗透率特性的研究 [J]．采矿与安全工程学报，2012，29（05）：735-739+745.

[8] 王刚，程卫民，苗法田．北皂矿海域和陆地煤层瓦斯储气条件对比分析 [J]．煤炭科学技术，2010，38（03）：39-42+45.

[9] 王刚，程卫民，谢军，等．煤与瓦斯突出过程中煤体瓦斯的作用研究 [J]．中国安全科学学报，2010，20（09）：116-120.

[10] 刘林．下保护层合理保护范围及在卸压瓦斯抽采中的应用 [D]．中国矿业大学，2010.

[11] 杨轩．沁水盆地南部煤层气富集控制因素研究 [J]．石化技术，2015，22（08）：167.

[12] 韩军，张宏伟，张普田．推覆构造的动力学特征及其对瓦斯突出的作用机制 [J]．煤炭学报，2012，37（02）：247-252.

[13] 张振文，高永利，代凤红，等．影响晓南矿未开采煤层瓦斯赋存的地质因素 [J]．煤炭学报，2007（9）：950-954.

[14] 段东．煤与瓦斯突出影响因素及微震前兆分析 [D]．东北大学，2009.

[15] 王伟，程远平，袁亮，等．深部近距离上保护层底板裂隙演化及卸压瓦斯抽采时效性［J］．煤炭学报，2016，41（01）：138-148.

[16] 张小东，张子戍．煤吸附瓦斯机理研究的新进展［J］．中国矿业，2008（06）：70-72+76.

[17] 李子文．低阶煤的微观结构特征及其对瓦斯吸附解吸的控制机理研究［D］．中国矿业大学，2015.

[18] 魏国营，姚念岗．断层带煤体瓦斯地质特征与瓦斯突出的关联［J］．辽宁工程技术大学学报（自然科学版），2012，31（05）：604-608.

[19] 曹国华，田富超，郝从娜．地质构造对寺河矿煤层瓦斯赋存规律的影响分析［J］．煤炭工程，2009（03）：57-60.

[20] 李文璞．采动影响下煤岩力学特性及瓦斯运移规律研究［D］．重庆大学，2014.

[21] 王恩营．高瓦斯矿井煤与瓦斯突出区域预测瓦斯地质方法［J］．煤矿安全，2006（10）：42-44.

[22] 琚宜文，李清光，谭锋奇．煤矿瓦斯防治与利用及碳排放关键问题研究［J］．煤炭科学技术，2014，42（06）：8-14.

[23] 郝富昌，刘明举，魏建平，等．重力滑动构造对煤与瓦斯突出的控制作用［J］．煤炭学报，2012，37（05）：825-829.

[24] 杨茂林，薛友欣，姜耀东，等．离柳矿区综采工作面瓦斯涌出规律研究［J］．煤炭学报，2009，34（10）：1349-1353.

3 急倾斜煤层分层开采裂隙
分布及演化规律

3.1 急倾斜煤层分层开采裂隙分区

当煤体采出后，围岩产生移动，当移动变形超过岩体的极限变形后，则发生破坏。岩体破坏形成采动裂隙，裂隙分布对瓦斯抽采至关重要。受煤层采动影响，采空区上覆岩体形成冒落带（采场孔洞与裂隙）、裂隙带（岩层层间与法向裂隙）及弯曲带（层间裂隙），简称"竖三带"，如图3-1所示。同时，在底板侧和开采分层下部煤体中会形成类似于"竖三带"的底鼓裂隙带和底鼓变形带。受到煤层倾角及工作面水平布置的影响，底鼓裂隙带和变形带在沿煤层倾向方向分布不均匀，其底板中靠近开采分层下部侧深度大于上部，而在开采分层下部煤体中，裂隙带和变形带深度表现为靠近煤层底板侧大于靠近煤层顶板。

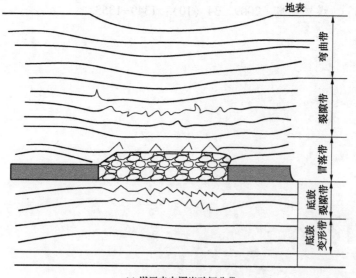

(a) 煤层走向围岩破坏分带

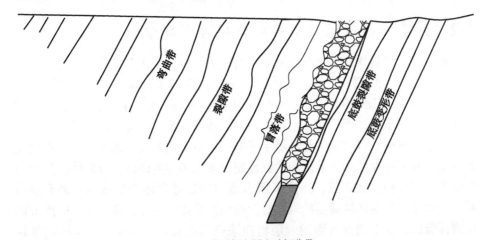

(b) 煤层倾向围岩破坏分带

图 3-1 急倾斜煤层分层开采围岩破坏分带

水平分段开采引起的围岩破坏向煤层上方和顶板方面发展，开采过程中顶煤和围岩的破坏过程可分 4 个区，如图 3-2 所示。Ⅰ 区为顶煤放出区，即开采引起的围岩破坏向煤层上方和顶板方向发展的。Ⅱ 区为沿底座滑区，靠底板侧未能从窗口放出的顶煤，能在较长时间内滞留，最后沿底板下滑充填到采空区。Ⅲ 区为顶板离层破坏区，随开采向下部水平分段发展，顶板悬露到一定面积后，离层向破坏冒落发展。Ⅳ 区为煤岩滞后垮落区，随顶板垮落，顶煤破坏同时向上发展，冒落顶板和顶煤未能回收，充填到采空区。根据对急倾斜煤层分层开采工作面周围煤岩体破坏移动规律分析，对煤层预抽钻孔合理布置具有理论指导意义。

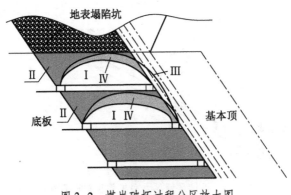

图 3-2 煤岩破坏过程分区放大图

3.2 开采分层底板及下部煤体破坏深度分析

通过对急倾斜煤层水平分层开采围岩应力分析，得出其应力分布与倾斜煤层开采具有一定的相似之处。工作面回采后，在工作面前方形成超前支承压力，且超前支承压力随着工作面的推进而不断向前移动；同时，在工作面两侧形成侧向支承压力，而侧向支承压力随着工作面的推进其影响范围基本保持不变。对于工作面底板和回采分层煤层下部一定范围内的煤岩体而言，当作用在底板岩层和下部煤体的支承压力达到或超过其临界强度值时，煤岩体将产生塑性变形，形成塑性破坏区。当支承压力达到导致煤岩体完全破坏的最大载荷时，支承压力作用区域周围的岩层塑性破坏区将连成一片，导致采空区附近的煤岩体隆起；发生塑性变形的岩层将向采空区内移动，形成一个连续的滑移面，此时，底板岩体和下部煤体遭受的破坏最为严重。下面将对工作面底板岩体的破坏深度、工作面两侧底板岩体的破坏深度及下部煤体破坏深度进行分析。

随着回采工作面的推进，处于工作面煤壁前方的底板岩体和分层下部煤体受到超前支承压力的作用而被压缩，当超前支承压力值超过煤岩体的极限强度时，煤岩体就会产生塑性变形。当工作面推过此区域时，产生塑性变形的煤岩体成为采空区范围内的煤岩体，这部分煤岩体由于工作面采空区的卸压而由压缩状态变为膨胀状态，最终在底板岩体和工作面下部一定范围内形成采动破坏裂隙带（或底鼓裂隙带）。

45 号煤层沿煤层倾斜方向工作面剖面示意图如图 3-3 所示。工作面沿煤层走向方向向里推进（图中箭头所示方向），在工作面前方形成超前支承压力 $n\gamma H$（n 为超前支承压力集中系数；工作面煤壁前方的超前支承压力可分解为

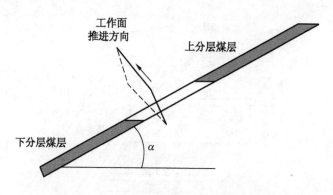

图 3-3 沿煤层倾斜方向工作面剖面示意图

垂直于煤层倾向的压力 $n\gamma H\cos\alpha$ 及平行于煤层倾向的剪切力 $n\gamma H\sin\alpha$，该剪切力使底板岩层产生滑移，对底板岩层造成剪切破坏）。为研究工作面超前支承压力对工作面底板岩层造成的采动破坏深度，依据岩体滑移线场理论，建立沿倾斜煤层工作面走向（图 3-3 中箭头所示方向）的底板塑性破坏区剖面形态示意图，如图 3-4 所示。工作面超前支承压力为 $n\gamma H$，工作面后方采空区内冒落带的载荷为 $m\gamma H$（H 为冒落带的高度）。

沿工作面走向底板岩体的塑性区边界由 3 部分组成：主动极限区 I（$aa'b$ 区）及被动极限区 III（acd 区）和过渡区 II（abc 区），如图 3-4 所示。主动区和被动区的滑移线各由 2 条直线组成；过渡区的滑移线一组由对数螺线组成，另一组为自 a 为起点的放射线，如图 3-5 所示。其对数双螺线方程为 $r=r_0 e^{\theta\tan\varphi_0}$。

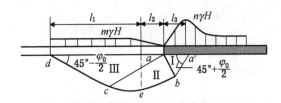

图 3-4　煤层底板中塑性破坏区剖面形态示意图

塑性破坏区的形成及发展过程：工作面回采后，在工作面前方的底板岩体和开采分层煤体上作用着超前支承压力，当作用区域内煤岩体（I 区，主动区）所承受的应力超过其极限强度载荷时，煤岩体将产生塑性变形，由于这部分煤岩体在垂直方向上受压缩，则在水平方向上岩体必然会膨胀，膨胀的岩体挤压过渡区内（II 区，过渡区）的岩体，并将应力传递到过渡区内；而过渡区内的岩体继续挤压被动区（III 区，被动）内的岩体，由于该区为采空区临空面，使得过渡区及被动区的岩体在主动区传递的力的作用下向采空区内膨胀，形成底板采动裂隙带。

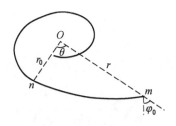

图 3-5　对数螺线示意图

张金才对极限承载力计算公式进行了修改与补充，得到底板岩体的承载极限。

$$P_u = (C_0\cot\varphi_0 + m\gamma H + \gamma x_a\tan\varphi_0)\, e^{\pi\tan\varphi_0}\tan^2\left(\frac{\pi}{4} + \frac{\varphi_0}{2}\right) + \gamma x_0\tan\varphi_0 - C_0\cot\varphi_0$$

$$(3-1)$$

式中　x_0——煤体屈服区的长度，m；

　　　C_0——底板岩体的内聚力，MPa。

根据式（3-1），可得到底板岩体的极限载荷，从而得出极限支承压力条件下破坏区的最大深度和长度计算公式。

根据底板最大破坏深度计算简图（图3-4），在 $\triangle aba'$ 中，有

$$ab = r_0 = \frac{x_a}{2\cos\left(\dfrac{\pi}{4} + \dfrac{\varphi_0}{2}\right)}$$

$$(3-2)$$

在 $\triangle aef$ 中，$h = r\sin\alpha$，而

$$\alpha = \frac{\pi}{2} - \left(\frac{\pi}{4} - \frac{\varphi_0}{2}\right) - \theta$$

$$(3-3)$$

因此

$$h = r_0 e^{\theta\tan\varphi_0}\cos\left(\theta + \frac{\varphi_0}{2} - \frac{\pi}{4}\right)$$

$$(3-4)$$

由 $\dfrac{dh}{d\theta} = 0$，可以求出破坏区的最大破坏深度 h_1。

$$\frac{dh}{d\theta} = r_0 e^{\theta\tan\varphi_0}\cos\left(\theta + \frac{\varphi_0}{2} - \frac{\pi}{4}\right)\tan\varphi_0 - r_0 e^{\theta\tan\varphi_0}\sin\left(\Theta + \frac{\varphi_0}{2} - \frac{\pi}{4}\right) = 0 \quad (3-5)$$

$$\tan\varphi_0 = \tan\left(\theta + \frac{\varphi_0}{2} - \frac{\pi}{4}\right)$$

$$(3-6)$$

所以得到

$$\theta = \frac{\pi}{4} + \frac{\varphi_0}{2}$$

$$(3-7)$$

将式(3-7)和式(3-2)代入式(3-4)，即可得到底板的最大破坏深度 h_1。

$$h_1 = \frac{x_0\cos\varphi_0 e^{\left(\frac{\pi}{4} + \frac{\varphi_0}{2}\right)\tan\varphi_0}}{2\cos\left(\dfrac{\pi}{4} + \dfrac{\varphi_0}{2}\right)}$$

$$(3-8)$$

式中　φ_0——底部煤岩体的内摩擦角，（°）。

（1）煤层底板岩体最大破坏深度距工作面端部的水平距离 L_1。

$$L_1 = h_1 \tan\varphi_0 \tag{3-9}$$

（2）采空区内底板破坏区沿水平方向的最大长度 L_2。

$$L_2 = x_0 \tan\left(\frac{\pi}{2} + \frac{\varphi_0}{2}\right) e^{\frac{\pi}{2}\tan\varphi_0} \tag{3-10}$$

在工作面后方底板岩体的最大破坏深度位置处（图 3-4 中的 e 处），垂直于工作面走向过 e 点取一剖面使得该剖面平行于工作面倾向，可得到整个工作面底板沿工作面倾向的破坏形态。当煤层为水平及近水平时，工作面底板沿工作面倾向的破坏形态如图 3-6 所示。因煤层存在一定倾角，作用在工作面前方底板岩体上的超前支承压力 $n\gamma H$ 可以分解为垂直于煤层的横向压力 $n\gamma H\cos\alpha$（对底板岩层产生压破坏）及平行于煤层斜向下的剪切力 $n\gamma H\sin\alpha$（该剪切力使底板岩层产生滑移，对底板岩层造成剪切破坏）。由于存在煤层底板斜向下的剪切力的作用，使得倾斜煤层沿工作面倾向的破坏形态不同于水平煤层是以工作面中部为对称分布的，底板的最大破坏深度位置也将偏离工作面的中部向下移动。

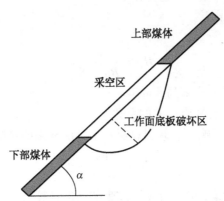

图 3-6　沿工作面倾向煤层工作面底板破坏形态示意图

根据经验公式计算采场开挖底板的破坏深度。

$$h_p = 0.0085H + 0.1079L_x + 0.1665\alpha - 4.3579$$

式中　H——埋深，m；

　　　L_x——工作面斜长，m；

　　　α——煤层倾角，（°）。

通过以上理论计算得到极限应力平衡区（塑性区破坏区）的边界，而根据卸压区定义，同样可以得到类似塑性区的卸压区计算公式，从而计算得到下部煤体顶板侧破坏深度。

3.3　开采分层覆岩破坏分布分析

当煤层倾角为 36°~54°，采用走向长壁式采煤方法时，冒落岩块下落到采空区底板后，向采空区下部滚动，于是采空区下部很快能被冒落岩块填满。而采空区上部则由于冒落岩块的流失，等于增加了开采空间，其冒落高度就大于下部。此时，采空区倾斜剖面上冒落带、裂隙带的最终形态呈上大下小的抛物线形态，如图 3-1 所示。在走向方向上，由于采空区尺寸较大，冒落带、导水裂缝带范围仍然能成为"马鞍形"形态。

急倾斜煤层开采冒落带高度和裂隙带高度受重复采动的影响。在开采特厚煤层时，裂隙带高度大于冒落带的高度，随着重复采动次数的增加，二者的比值发生变化，随着开采层数的增加冒落带高度占的比例越来越大，裂隙带高度越来越小。裂隙带高度—煤厚比与回采阶段垂高的关系如图 3-7 所示。裂隙带和垮落带的高度采用以下方法计算。

3.3.1　裂隙带的计算

$$H_{\text{裂}} = \frac{h}{Rh + S} \tag{3-11}$$

式中　　h——回采阶段采高，m；

　　　　R、S——与覆岩性质有关的系数。

考虑煤层厚度的影响，急倾斜煤层水平分层开采的裂隙带高度的表达式：

$$H_{\text{裂}} = \frac{hM}{Rh + S} \tag{3-12}$$

统计得到急倾斜煤层分段开采裂隙带的高度计算公式。急倾斜煤层覆岩煤厚比与回采阶段垂高的关系如图 3-7 所示。

（1）对于坚硬覆岩：

$$H_{\text{裂}} = \frac{100hM}{4.1h + 133} \pm 8.4 \tag{3-13}$$

（2）对于中硬覆岩裂隙带高度：

$$H_{\text{裂}} = \frac{100hM}{7.5h + 293} \pm 7.3 \tag{3-14}$$

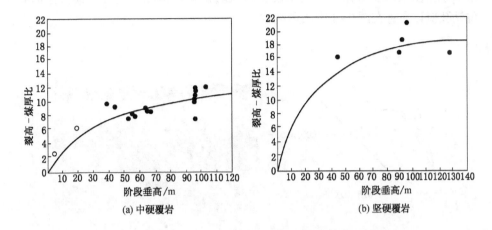

图 3-7　急倾斜煤层覆岩裂高煤厚比与回采阶段垂高的关系

根据《建筑物、水体、铁路及主要井巷煤柱留设与压煤开采规程》，煤层开采时，煤矿开采顶板岩层的裂隙带按照式（3-15）计算。

$$H_l = \frac{100 \sum M}{1.6 \sum M + 3.6} \pm 5.6 \qquad (3-15)$$

式中　M——累计开采厚度，m。

计算可以得到裂隙带高度为 52.1~63.3 m。

3.3.2　冒落带高度

在开采急倾斜煤层的情况下，覆岩的冒落带高度以及煤层本层的岩性关系密切，当覆岩为中硬岩层时冒落带的最大高度为裂隙带高度的 40%~50%。

$$H_{冒} = (0.4 \sim 0.5)H_{裂} \qquad (3-16)$$

根据《建筑物、水体、铁路及主要井巷煤柱留设与压煤开采规程》，煤层开采时，开采顶板岩层的冒落带按照式（3-17）计算。

$$H_m = \frac{100 \sum M}{4.7 \sum M + 19} \pm 2.2 \qquad (3-17)$$

计算得到顶板岩层冒落带高度为 16.29~20.69 m。

顶板钻孔应该尽量布置在裂隙带内，但是限于目前工作面采用水平分层布置方式，某种程度上讲计算"两带"的研究意义并不大。45 号煤层水平"两带"示意图如图 3-8 所示。为了解决回风隅角瓦斯情况，建议其顶板走向高位钻孔应该布置在图 3-8 中阴影区域。

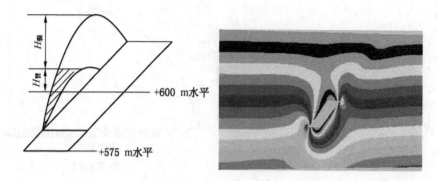

图 3-8 45 号煤层水平"两带"示意图

3.3.3 覆岩卸压角

由于计算冒落带和裂隙带高度对急倾斜煤层水平分层开采工作面高位钻孔的布置并不具有实质意义，但急倾斜煤层水平分层开采上覆岩体会移动、破断，产生裂隙圈，因此，对急倾斜煤层水平分层开采的卸压角的分析就显得格外重要。根据保护层开采经验，其保护层开采产生的沿倾向保护范围如图 3-9 所示，沿走向保护范围如图 3-10 所示，保护层沿倾向卸压见表 3-1。

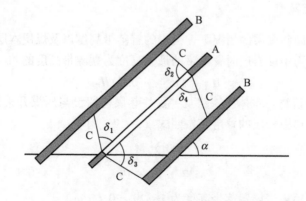

A—保护层；B—被保护层；C—保护范围边界线

图 3-9 保护层工作面沿倾向的保护范围

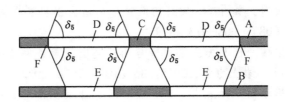

A—保护层；B—被保护层；C—煤柱；D—采空区；
E—保护范围；F—始采线、终采线
图 3-10 保护层工作面始采线、终采线和煤柱的影响范围

表 3-1 保护层沿倾斜方向的卸压角 （°）

煤层倾角 α	卸压角 δ			
	δ_1	δ_2	δ_3	δ_4
0	80	80	75	75
10	77	83	75	75
20	73	87	75	75
30	69	90	77	70
40	65	90	80	70
50	70	90	80	70
60	72	90	80	70
70	72	90	80	72
80	73	90	78	75
90	75	80	75	80

　　按照上述理论，其顶板的倾向卸压角 $\delta_1 = 68°$，而上分层开采后下部煤体的走向卸压角 $\delta_5 = 56° \sim 60°$，顶板走向卸压角 $\delta_5 = 56° \sim 60°$，卸压角的分析对高位钻孔布置起到决定性的作用。

参 考 文 献

[1] 王刚，程卫民，张睿，等. 瓦斯含量法预测煤与瓦斯突出的应用与实践
　　[C]. 第九届全国煤炭工业生产一线青年技术创新文集. 中国煤炭学会，
　　2014：9.

［2］韩军，张宏伟，霍丙杰．向斜构造煤与瓦斯突出机理探讨［J］．煤炭学报，2008（08）：908-913.

［3］王刚，武猛猛，程卫民，等．煤与瓦斯突出能量条件及突出强度影响因素分析［J］．岩土力学，2015，36（10）：2974-2982.

［4］王宏图，鲜学福，尹志光，等．煤矿深部开采瓦斯压力计算的解析算法［J］．煤炭学报，1999（03）：57-61.

［5］韩军，张宏伟，朱志敏，等．阜新盆地构造应力场演化对煤与瓦斯突出的控制［J］．煤炭学报，2007（09）：934-938.

［6］王刚．煤与瓦斯突出后的灾变损害及破坏特征［D］．山东科技大学，2008.

［7］王刚，江成浩，刘世民，等．基于CT三维重建煤骨架结构模型的渗流过程动态模拟研究［J］．煤炭学报，2018，43（05）：1390-1399.

［8］韩军，张宏伟，张普田．推覆构造的动力学特征及其对瓦斯突出的作用机制［J］．煤炭学报，2012，37（02）：247-252.

［9］王伟，程远平，袁亮，等．深部近距离上保护层底板裂隙演化及卸压瓦斯抽采时效性［J］．煤炭学报，2016，41（01）：138-148.

［10］王刚，沈俊男，褚翔宇，等．基于CT三维重建的高阶煤孔裂隙结构综合表征和分析［J］．煤炭学报，2017，42（08）：2074-2080.

［11］王刚，王锐，武猛猛，等．火区下近距离煤层开采有害气体入侵灾害防控技术［J］．煤炭学报，2017，42（07）：1765-1775.

4 采动影响下含瓦斯煤体卸压瓦斯 运移模型及应用

4.1 采动影响下瓦斯运移数学模型的基本假设

采动影响下煤层的变形与瓦斯流动的耦合作用是一个极其复杂的问题,涉及到采动过程中煤层瓦斯的解吸、渗流、扩散与煤层变形的耦合关系。瓦斯流动数学模型通常由质量连续性方程、状态方程和含量方程和运动方程构成;煤层变形方程包括几何方程、平衡方程及本构关系等。煤层变形与瓦斯流动的耦合关系是进行耦合分析的桥梁,常通过体积应变表述的孔隙率、渗透率实现二者之间耦合。由于问题自身的复杂性,对采动影响下渗流、应力耦合研究作以下假设。

(1)煤层瓦斯以游离和吸附两种状态赋存煤层中,且有吸附瓦斯含量服从朗格缪尔等温吸附方程。

(2)气固耦合是由一种固相(煤岩)和瓦斯单相气体的耦合。

(3)瓦斯的吸附-解吸为非平衡吸附-解吸。

(4)煤层瓦斯渗流流动符合达西定律,煤层瓦斯在煤层中的扩散运动满足菲克(Fick)扩散定律。

(5)在同一深度煤层上,初始瓦斯压力、瓦斯含量以及温度均匀分布。

(6)煤岩体的渗透率随外部应力变化而改变,忽略由瓦斯压力和瓦斯吸附膨胀产生的变形。

(7)游离瓦斯和煤体运动的惯性力、瓦斯的体积力忽略不计。

(8)应力应变的符号法则与弹性力学相同,压为负,拉为正,煤层发生塑性变形和拉伸破坏。

(9)煤层温度恒定,忽略温度、压力变化对孔隙率以及瓦斯流动的影响。

(10)孔隙、裂隙系统之间的质量交换相当于一个均匀分布的质量源,对孔隙系统是流出,裂隙系统是流入。

根据模型的特点,要研究卸压开采过程中卸压瓦斯的解吸、扩散、渗流运动与煤层变形运动之间的耦合作用、平衡关系、本构方程、定解条件，因此，有以下假设。

（1）时间段。卸压开采后，煤层变形和移动经过一段时间将进入相对稳定的状态，记号 T_0 表示从开采到变形相对稳定所需经历时间，研究的时间段为 $t \geq T_0$。研究煤层变形相对稳定后，卸压瓦斯的运移及与煤层变形之间的耦合作用。

（2）空间区域。在采空区下方，被卸压煤层中受到采动影响的区域，研究模型如图 4-1 所示。

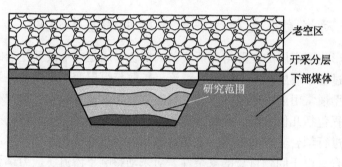

图 4-1　研究模型示意图

（3）卸压煤层视为孔隙介质。煤层中含有游离态瓦斯和吸附态瓦斯，被卸压煤层为弹塑性材料，剪切屈服及塑性流动服从 Prager-Drucker 准则，瓦斯在煤层中的运移与煤层变形之间的耦合关系通过孔隙率实现。

4.2　采动影响下卸压瓦斯运移模型

4.2.1　卸压煤层的应力场

采动应力作用下煤层变形控制方程包含应力平衡微分方程、几何方程、本构方程 3 种。

1. 应力平衡微分方程

在含瓦斯煤岩中任取一个平行六面体微元，如图 4-2 所示。忽略瓦斯流动和煤体骨架变形产生的惯性力和煤层瓦斯重力，单元应力处于平衡状态，满足静力平

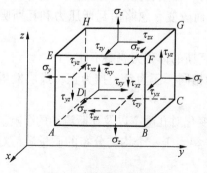

图 4-2　微元体应力平衡

衡方程。

$$\begin{cases} \dfrac{\partial \sigma_x}{\partial x} + \dfrac{\partial \tau_{xy}}{\partial y} + \dfrac{\partial \tau_{xz}}{\partial z} + f_x = 0 \\[2mm] \dfrac{\partial \sigma_y}{\partial y} + \dfrac{\partial \tau_{xy}}{\partial x} + \dfrac{\partial \tau_{yz}}{\partial z} + f_y = 0 \\[2mm] \dfrac{\partial \sigma_z}{\partial z} + \dfrac{\partial \tau_{xz}}{\partial x} + \dfrac{\partial \tau_{yz}}{\partial y} + f_z = 0 \end{cases} \tag{4-1}$$

对该平衡微分方程，可用张量形式表示。

$$\sigma_{ij,j} + f_i = 0 \tag{4-2}$$

式中　$\sigma_{ij,j}$——总应力，N；

　　　f_i——体积应力，N。

由修正太沙基有效应力原理，总的应力可以用包含流体压力的有效应力表示。

$$\sigma_{ij,j} = \sigma'_{ij,j} + (\alpha P \delta_{ij})_{,j} \tag{4-3}$$

式中　$\sigma'_{ij,j}$——有效应力张量。

有效应力表示的应力平衡微分方程：

$$\sigma'_{ij,j} + (\alpha P \delta_{ij})_{,j} + f_i = 0 \tag{4-4}$$

$$\alpha = 1 - \frac{K}{K_s}$$

式中　α——Biot 系数；

　　　K——煤岩体积模量，MPa；

　　　K_s——煤岩骨架颗粒体积模量，MPa；

　　　P——瓦斯压力，MPa；

　　　δ_{ij}——Kronecker 函数，$\delta_{ij} = \begin{cases} 1 & (i=j) \\ 0 & (i \neq j) \end{cases}$。

2. 几何方程

含瓦斯煤岩体变形与位移的关系可由应变张量表示。

$$\varepsilon_{ij} = \frac{1}{2}(u_{i,j} + u_{j,i}) \quad (i, j = x, y, z) \tag{4-5}$$

式中　ε_{ij}——应变张量，$u_{i,j}$、$u_{j,i}$微元体位移。

3. 本构方程

$$(\sigma_{eff})_{ij} = \frac{E}{1+\mu}\varepsilon'_{ij} + \frac{\mu E}{(1+\mu)(1-2\mu)}\varepsilon'_{kk}\delta_{ij} \tag{4-6}$$

$$\varepsilon'_{kk} = \frac{(1-2\mu)\Theta'}{E}$$

$$\Theta' = \sigma_x + \sigma_y + \sigma_z$$

式中　ε'_{kk}——有效体积应变；

　　　Θ'——体积应力。

在煤层开采过程中发生的变形往往还有屈服变形。当出现塑性屈服区域，常用 D-P 强度准则描述材料屈服和流动，即煤岩材料发生破坏的条件与塑性势函数 Q 有关，可将应变分量表示为塑性势函数对应力分量的偏导数。

$$d\varepsilon^P_{ij} = d\lambda \frac{\partial Q}{\partial \sigma_{ij}} \tag{4-7}$$

式中　$d\lambda$——非负的塑性标量因子，它表示塑性应变增量的大小。

如果判定材料的破坏（屈服）条件为 $f=0$，那么，破坏条件与塑性势函数相等。

$$Q = f \tag{4-8}$$

在摩尔-库仑强度理论中，屈服条件：

$$f = \sigma_1 - \sigma_3 N_\phi + 2C\sqrt{N_\phi} = 0 \tag{4-9}$$

根据上述分析可得，同时满足摩尔-库仑强度理论的屈服条件的势函数：

$$Q = \sigma_1 - \sigma_3 N_\phi + 2C\sqrt{N_\phi} \tag{4-10}$$

$$N_\phi = \frac{1 + \sin\varphi}{1 - \sin\varphi}$$

式中　C——黏聚力，N；

　　　φ——内摩擦角，(°)。

对于 D-P 强度理论中，屈服条件：

$$f^S(\sigma_m, \tau^*) = \tau^* + q_\varphi \sigma_m - k_\varphi \tag{4-11}$$

$$\tau^* = \sqrt{\frac{1}{6}\left[(\sigma_{11} - \sigma_{22})^2 + (\sigma_{22} - \sigma_{33})^2 + (\sigma_{33} - \sigma_{11})^2\right] + \sigma_{12}\sigma_{21} + \sigma_{23}\sigma_{32} + \sigma_{31}\sigma_{13}}$$

$$\sigma_m = \frac{1}{3}\sigma_{ij}\delta_{ij}$$

在平面应变状态下用内切锥拟合得到 q_φ、k_φ 与摩尔-库仑准则内聚力 C、内摩擦角 φ 之间关系。

$$q_\varphi = \frac{3\tan\varphi}{\sqrt{9 + 12\tan^2\varphi}} \tag{4-12}$$

$$k_\varphi = \frac{3C}{\sqrt{9 + 12\tan^2\varphi}} \qquad (4-13)$$

此时塑性势函数 Q：

$$Q = \tau* + q_\varphi\sigma_m - k_\varphi \qquad (4-14)$$

除了剪切能使煤岩体材料屈服，拉应力也会能造成煤岩破坏。对于拉伸破坏，塑性势：

$$Q_t = \sigma_m - \sigma_t \qquad (4-15)$$

式中 σ_t——材料的抗拉强度，MPa。

此外，还需考虑剪切屈服面与拉伸破坏面之间交线上的奇异点，在这些点塑性势函数：

$$h = \tau - \tau_p - \alpha^p(\sigma_m - \sigma_t) \qquad (4-16)$$

$$\alpha^p = \sqrt{1 + q_\phi^2} - q_\varphi$$

$$\tau_P = k_\phi - q_\phi\sigma^t$$

将煤层变形几何方程式（4-5）和本构关系方程式（4-6）代入有效应力方程式（4-14）可以得到采动煤岩体变形控制方程：

$$G\sum_{j=1}^{3}\frac{\partial^2\mu_i}{\partial x_j^2} + \frac{G}{1-2\mu}\sum_{j=1}^{3}\frac{\partial^2\mu_j}{\partial x_j x_i} + \alpha\frac{\partial P}{\partial x_i} + f_i = 0 \qquad (4-17)$$

4.2.2 采动影响下煤体瓦斯流动方程

在急倾斜煤层上分层开采过程中，受到采动应力变化的影响，其下部煤体出现卸压产生"卸压增流"现象。下分层煤层卸压瓦斯流动过程：中、小孔隙内的吸附瓦斯解吸后，裂隙、大孔隙压力增大，瓦斯浓度升高；在压力和浓度梯度作用下，解吸瓦斯扩散至裂隙、大孔隙，最终流入裂缝和大裂隙。当采取钻孔抽采瓦斯时，则卸压瓦斯进入抽采钻孔而排出煤层。煤层卸压瓦斯的运移（解吸、扩散、流动和抽采），最终导致煤层瓦斯含量的降低和瓦斯压力的下降。瓦斯的解吸速度很快，可瞬间完成，但其流动速度取决于扩散和渗流，最终受流动较慢的阶段所控制。因此，卸压瓦斯流动过程可归结为为以下动力学模式，如图4-3所示。

当孔隙与裂隙中的煤层瓦斯受采动应力作用和外来抽采负压作用，使得瓦斯发生流动，这种瓦斯运移即是应力和抽采负压作用下的瓦斯运移。在原始煤层中，由于其自身处于一个相对平衡状态，因而瓦斯不会发生运移。但在采动影响下原始煤层结构遭受破坏，煤层中的瓦斯从高压向低压方向流动。随着回

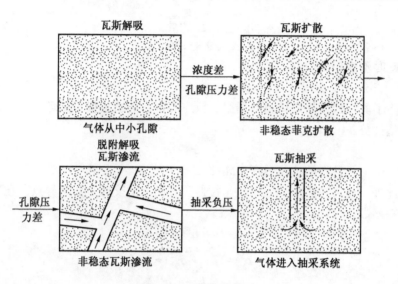

图 4-3　瓦斯运移模型

采工作面的不断推进，围岩应力动态变化，致使孔隙率、渗透性变化。在瓦斯抽采过程中，由于透气性不断地变化，将直接影响到钻孔的布置和瓦斯抽采效果。在孔隙、裂隙中瓦斯运移具有层流和紊流两种形式，众多研究表明紊流一般只发生在瓦斯喷出和煤与瓦斯突出时候。根据现场实测表明，煤层渗透性很低，瓦斯在煤层中流速非常小，因此，煤层瓦斯流动在宏观上符合达西定理的线性渗流规律。以下对煤岩瓦斯流动满足的 4 个方程进行逐一分析。

1. 瓦斯流动的连续性方程

1）孔隙系统的连续方程

如图 4-4 所示，在孔隙系统中取长度为 dx、dy、dz 且分别平行 x、y、z 坐标轴的微单元控制体，J_x、J_y、J_z 分别为质量通量 J 在沿坐标轴方向分量；q 为负质量源，是单位时间孔隙系统流向裂隙系统的瓦斯；C_a 为吸附瓦斯气体质量浓度。在时间 dt 内，对微单元控制体内质量变化分析。

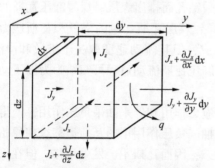

图 4-4　孔隙系统中微元控制体质量守恒

$$\delta_M = \frac{\partial C_a}{\partial t}\mathrm{d}x\mathrm{d}y\mathrm{d}z\mathrm{d}t \quad (4-18)$$

单元控制体内流入和流出的质量

之和:

$$J_1 - J_2 = \left\{ \left[J_x - \left(J_x + \frac{\partial J_x}{\partial x} dx \right) \right] dydz + \left[J_y - \left(J_y + \frac{\partial J_y}{\partial y} dy \right) \right] dxdz + \right.$$

$$\left. \left[J_z - \left(J_z + \frac{\partial J_z}{\partial z} dz \right) \right] dxdy \right\} dt = - \left(\frac{\partial J_x}{\partial x} + \frac{\partial J_y}{\partial y} + \frac{\partial J_z}{\partial z} \right) dxdydzdt$$

$$(4-19)$$

单位时间内通过孔隙系统流向裂隙系统的质量源生成量:

$$\delta_q = - qdxdydzdt \qquad (4-20)$$

根据微元控制体质量守恒,所以孔隙系统的连续性方程:

$$\frac{\partial C}{\partial t} = - \left(\frac{\partial J_x}{\partial t} + \frac{\partial J_y}{\partial t} + \frac{\partial J_z}{\partial t} \right) - q \qquad (4-21)$$

上式简写为

$$\frac{\partial C}{\partial t} = - \nabla J_C - q \qquad (4-22)$$

2) 裂隙系统质量连续性方程

裂隙系统中微元控制体质量守恒如图4-5所示。

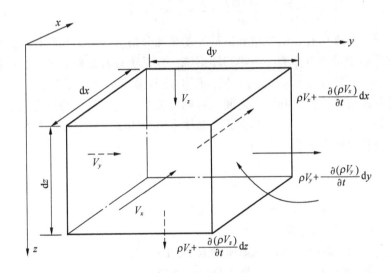

图4-5 裂隙系统中微元控制体质量守恒

同理,根据瓦斯气体在裂隙系统中质量守恒定律,有以下计算式成立。

在时间 dt 内裂隙系统微元控制体内质量的改变量：

$$\Delta M = \frac{\partial(\rho\phi)}{\partial t}dxdydzdt \qquad (4-23)$$

在裂隙微元控制体内气体的流入和流出的质量差：

$$M_1 - M_2 = \left\{ \left[\rho V_x - \left(\rho V_x + \frac{\partial(\rho V_x)}{\partial t}dx \right) \right]dydz + \left[\rho V_y - \left(\rho V_y + \frac{\partial(\rho V_y)}{\partial t}dy \right) \right]dxdz + \right.$$
$$\left. \left[\rho V_z - \left(\rho V_z + \frac{\partial(\rho V_z)}{\partial t}dz \right) \right]dxdy \right\}dt$$
$$= -\left(\frac{\partial(\rho V_x)}{\partial t} + \frac{\partial(\rho V_y)}{\partial t} + \frac{\partial(\rho V_z)}{\partial t} \right)dxdydzdt \qquad (4-24)$$

在时间 dt 内裂隙系统经孔隙系统流入的瓦斯质量：

$$M_q = qdxdydzdt \qquad (4-25)$$

同理可得

$$\frac{\partial(\rho\phi)}{\partial t} = -\left[\frac{\partial(\rho V_x)}{\partial t} + \frac{\partial(\rho V_y)}{\partial t} + \frac{\partial(\rho V_z)}{\partial t} \right] + q \qquad (4-26)$$

上式简写为

$$\frac{\partial(\rho\phi)}{\partial t} = -\nabla(\rho V) + q \qquad (4-27)$$

以上是将煤层瓦斯的扩散和渗流运动单独分析。如果将瓦斯在裂隙中的渗流和在孔隙中扩散看作为一个半封闭系统，且系统只有瓦斯流出，瓦斯扩散与渗流运动将会造成瓦斯浓度的降低，而扩散与渗流本身又受到瓦斯浓度的限制，即瓦斯解吸、扩散和渗流之间也有耦合关系。由于瓦斯的吸附和解吸只是物质形态发生变化，并未引起微元控制体中质量的变化。因此，孔隙、裂隙系统的质量连续性方程也可写为

$$\frac{\partial(\rho\phi)}{\partial t} + \frac{\partial C_a}{\partial t} + \nabla(\rho V) + \nabla J_C = 0 \qquad (4-28)$$

式中　　ρ——游离瓦斯气体的密度，kg/m^3；

　　　　ϕ——煤的孔隙率，%；

　　　　C_a——吸附状态煤层瓦斯质量浓度，kg/m^3；

　　　　J_C——吸附状态煤层瓦斯质量扩散通量，$kg/(m^2 \cdot s)$；

　　　　V——游离瓦斯渗流速度矢量，m/s；

　　　　∇——哈密顿算子。

2. 煤层瓦斯状态方程

将煤层瓦斯看作为真实气体，瓦斯气体具有可压缩性，瓦斯密度与煤层温度和瓦斯压力有以下关系：

$$\rho = \frac{M_g P}{ZRT} \tag{4-29}$$

$$\rho = \frac{\rho_n P}{ZP_n} = \beta P \tag{4-30}$$

式中　ρ——瓦斯气体的密度，kg/m^3；

　　　T——含瓦斯煤岩体的绝对温度，K；

　　　M_g——瓦斯气体摩尔质量，$kg/(kmol)$；

　　　Z——是一个大气压下瓦斯的压缩因子，一般取 1；

　　　R——瓦斯摩尔常数，8.3143 $J/(kg \cdot K)$；

　　　ρ_n——标准大气压下瓦斯气体密度，kg/m^3；

　　　P_n——标准大气压，MPa，通常取 0.1 MPa。

3. 煤层瓦斯含量方程

1）吸附瓦斯含量

忽略温度变化影响，吸附瓦斯含量满足朗格缪尔（Langmuir Equation）等温吸附方程，并同时考虑水分和灰分对吸附量的影响。单位体积煤中具有的吸附瓦斯含量：

$$C_a = \frac{abcP}{1 + bP} \rho_n \tag{4-31}$$

$$c = \rho_c \frac{1 - A - W}{1 + 0.31W}$$

式中　C_a——单位体积煤体的吸附瓦斯含量，kg/m^3；

　　　A——煤中灰分；

　　　W——煤中水分；

　　　a——极限吸附量，kg/m^3；

　　　b——煤的朗格缪尔压力参数，MPa^{-1}；

　　　c——朗格缪尔吸附系数；

　　　ρ_c——煤体密度，kg/m^3。

2）游离瓦斯含量

设煤岩体中的孔隙率为 ϕ，则煤层中游离的瓦斯含量：

$$C_f = \rho_n \frac{\phi p}{p_n} \tag{4-32}$$

综上所述，煤层瓦斯含量方程：

$$C = C_f + C_a = \frac{\rho_n \phi P}{p_n} + \frac{\rho_n abcP}{1 + bP} \tag{4-33}$$

4. 煤层瓦斯运动控制方程

采动影响区煤岩体内的煤层瓦斯在抽采影响下的流动符合达西（Darcy）渗流规律。

$$V = -\frac{k}{\mu} \nabla P \tag{4-34}$$

根据众多研究表明，煤层瓦斯在低渗透率的煤体中运移，出现不符合线性达西（Darcy）定律的渗流通道壁上出现克林伯格效应。受影响的渗透率：

$$k = k_0 \left(1 + \frac{b_s}{P}\right) \tag{4-35}$$

考虑克林伯格（Klinbenberg）效应，上述渗流定律：

$$V = -\frac{k}{\mu}\left(1 + \frac{b_s}{P}\right) \nabla P \tag{4-36}$$

研究表明，煤层瓦斯从煤粒中的涌出过程是瓦斯在孔隙、裂隙多孔介质中的扩散，符合菲克（Fick）扩散定律。

$$J = -D \frac{\partial C_a}{\partial t} \tag{4-37}$$

式中　J——扩散流体通过单位面积的扩散速度，$\text{kg}/(\text{s} \cdot \text{m}^2)$；

　　　D——扩散系数，m^2/s；

　　　C_a——扩散流体质量浓度，kg/m^3。

将相关的计算式代入式（4-28）获得瓦斯流动控制方程：

$$\beta P \frac{\partial \phi}{\partial t} + \beta\phi \frac{\partial P}{\partial t} + \frac{\partial \left(\dfrac{\rho_n abcP}{1 + bP}\right)}{\partial t} + \nabla\left[-\rho \frac{k}{\mu}\left(1 + \frac{b_s}{P}\right) \nabla P\right] +$$

$$\nabla\left[-D \nabla\left(\frac{\rho_n abcP}{1 + bP}\right)\right] = 0 \tag{4-38}$$

$$\nabla\left[-D \nabla\left(\frac{\rho_n abcP}{1 + bP}\right)\right] = -D\rho_n \nabla\left[\frac{abc}{(1 + bP)^2} \nabla P\right] =$$

$$D\rho_n \left[\frac{2ab^2c}{(1+bP)^3}(\nabla P)^2 - \frac{abc}{(1+bP)^2}\nabla^2 P \right] \tag{4-39}$$

4.2.3 煤层变形和瓦斯运移交叉耦合关系

瓦斯流出煤体后，孔隙压力下降，煤岩有效应力发生改变，直接导致煤岩体骨架应力重新分布，导致煤岩骨架发生变形，使得煤岩体的孔隙率和渗透性发生变化，反过来煤岩体的变形直接影响瓦斯在煤岩体的流动。瓦斯压力对煤岩体变形的作用是通过孔隙压力实现的，煤岩体变形对瓦斯的作用很大程度上取决于煤岩体的孔隙率和渗透率。为便于进行卸压瓦斯运移模拟，将分析总结气固耦合作用下孔隙率和渗透率等气固耦合变量的计算模型。

1. 煤岩体孔隙率动态变化

考虑瓦斯压力对孔隙率的影响，含瓦斯煤岩体的孔隙率是动态变化的。

$$\phi = 1 - \frac{1-\phi_0}{1+\varepsilon_v}(1 - K\Delta P + \varepsilon_s) \tag{4-40}$$

为了便于气固耦合数值计算，本项目在数值模拟过程中，将忽略温度以及压力变化的影响，这是因为式（4-40）与忽略二者影响的孔隙率关系式很接近。

即

$$\phi = \frac{\phi_0 + \varepsilon_v}{1+\varepsilon_v} \tag{4-41}$$

孔隙率的变化率：

$$\frac{\partial \phi}{\partial t} = \alpha \frac{\partial \varepsilon_v}{\partial t} + \frac{1-\phi}{K_s}\frac{\partial P}{\partial t} \tag{4-42}$$

式中 α——等效孔隙压力系数。

2. 渗透率动态变化

当前对于煤岩渗透率研究，多数是以煤岩体骨架应力与孔隙压力处于弹性变形阶段，认为变形是可逆的，但是在煤层回采过程煤岩体围岩发生拉伸破坏和剪切破坏，发生变形是不可逆的。通过前人研究发现在煤岩体发生破坏后，渗透率将出现阶跃突变。考虑到煤层开采后，底板应力的重新分布，煤体将发生弹性变形和塑性变形，因此，煤岩体的渗透率变化应有以下过程。

（1）当煤岩体变形处于弹性阶段时，渗透率与孔隙率的关系。

$$k = \frac{k_0}{1+\varepsilon_v}\left(1 + \frac{\varepsilon_v}{\phi_0}\right)^3 \tag{4-43}$$

(2) 当煤岩体发生脆性破坏后，渗透率出现阶跃突变。

当剪应力满足屈服准则时，煤岩体的渗透率随损伤变量的变化关系：

$$k = \begin{cases} \dfrac{k_0}{1+\varepsilon_v}\left(1+\dfrac{\varepsilon_v}{\phi_0}\right)^3 & (D_s = 0) \\[3mm] \zeta k_0 e^{-\alpha_\phi \bar{\delta}_v} & (D_s > 0) \end{cases} \tag{4-44}$$

当拉应力满足屈服准则时，煤岩体的渗透率

$$k = \begin{cases} \dfrac{k_0}{1+\varepsilon_v}\left(1+\dfrac{\varepsilon_v}{\phi_0}\right)^3 & (D_s = 0) \\[3mm] \xi k_0 e^{-\alpha_\phi \bar{\delta}_v} & (0 < D_s < 1) \\[3mm] \xi' k_0 e^{-\alpha_\phi \bar{\delta}_v} & (D_s = 1) \end{cases} \tag{4-45}$$

$$\alpha_\phi = \frac{9(1-2\mu)}{E}$$

$$\bar{\delta}_v = \frac{\delta_1 + \delta_2 + \delta_3}{3} + \alpha P$$

式中　　　k_0——初始渗透率；

　　　　　D_s——损伤系数；

　　ζ、ξ、ξ'——分别为压应力峰值应变、拉应力峰值应变和拉破坏时渗透
　　　　　　　　率的增大系数；

　　　　　α_ϕ——应力影响（耦合）系数；

　　　　　μ——泊松比；

　　　　　E——弹性模量；

　　　　　$\bar{\delta}_v$——平均有效应力，拉应力为正。

本次研究煤层与渗透率的关系借鉴上保护层开采的研究结论以及下伏卸压煤体透气性系数的变化倍数与垂距之间关系进行数值分析。

将孔隙率变化率式（4-42）代入式（4-39）可以得到采动煤岩体瓦斯流动方程。

$$\left[\beta P \frac{1-\phi}{K_s} + \beta\left(\frac{\varepsilon_v + \phi_0}{1+\varepsilon_v}\right) + \frac{\rho_n abc}{(1+bP)^2}\right]\frac{\partial p}{\partial t} + \nabla\left[-\rho\frac{k}{\mu}\left(1+\frac{b_s}{P}\right)\nabla P\right] +$$

$$\nabla\left[-D\nabla\left(\frac{\rho_n abcP}{1+bP}\right)\right] = -\alpha\beta P\frac{\partial\varepsilon_v}{\partial t} \tag{4-46}$$

4.2.4 采动影响下含瓦斯煤体卸压瓦斯运移模型

式（4-44）中，左边第一项表示煤层中瓦斯储存系数，包括煤基质内瓦斯压力变化，煤基质骨架压缩变形引起的气体体积、瓦斯压力变化、裂隙开度变化，煤的孔隙由于吸附-解吸引起的膨胀-压缩而产生的体积变化，游离状态瓦斯所占气体体积和吸附状态瓦斯所占气体体积，这直接影响到含瓦斯煤的孔隙率、渗透率；左边的第二项是代表瓦斯在含瓦斯煤体裂隙系统的运移；第三项代表是吸附瓦斯通过扩散作用流入含瓦斯煤体的裂隙系统；右边项是外力作用引起有效应力变化进而使煤岩骨架变形而产生的气体体积，是外力作用下煤层变形与瓦斯压力改变的耦合项。上述建立的是采动影响下瓦斯的流动方程，式中包含了煤岩的体积应变与孔隙率、渗透率等中间变量，而中间变量直接受到煤层瓦斯压力和采动应力的影响。因此，需将上述采动煤岩体瓦斯流动方程式（4-46）与采动煤岩体变形控制方程式（4-17）、孔隙率方程式（4-41）和渗透率方程式（4-43）、式（4-44）、式（4-45）联立则为采动影响下含瓦斯煤岩气固耦合动力学模型。

$$
\begin{cases}
G\displaystyle\sum_{j=1}^{3}\frac{\partial^2\mu_i}{\partial x^2_j} + \frac{G}{1-2\mu}\displaystyle\sum_{j=1}^{3}\frac{\partial^2\mu_j}{\partial x_j x_i} + \alpha\frac{\partial P}{\partial x_i} + f_i = 0 \\[3mm]
\left[\beta P\dfrac{1-\varphi}{K_s} + \beta\varphi + \dfrac{\rho_n abc}{(1+bP)^2}\right]\dfrac{\partial P}{\partial t} + \nabla\left[-\rho\dfrac{k}{\mu}\left(1+\dfrac{b_s}{P}\right)\nabla P\right] + \\[3mm]
D\rho_n\left[\dfrac{2ab^2 c}{(1+bP)^3}(\nabla P)^2 - \dfrac{abc}{(1+bP)^2}\nabla^2 P\right] = -\alpha\beta P\dfrac{\partial\varepsilon_v}{\partial t} \\[3mm]
\varphi = \dfrac{\varepsilon_v + \varphi_0}{1+\varepsilon_v} \\[3mm]
k = \dfrac{k_0}{1+\varepsilon_v}\left(1+\dfrac{\varepsilon_v}{\varphi_0}\right)^3
\end{cases}
\tag{4-47}
$$

式（4-45）中，含瓦斯煤岩的应力场方程中含有瓦斯压力项，即煤岩体的变形受瓦斯气体压力的影响；瓦斯的流动方程式中包含由体积应变和瓦斯压力共同表示的孔隙率和渗透率，即瓦斯流动受到煤岩变形影响。该采动影响下的气固耦合模型自身是完全耦合的，具体耦合如图4-6所示。

该模型综合考虑了采动影响下反映应力场的变形控制方程与瓦斯气体的吸附-解吸、扩散以及渗流之间的气固耦合过程。模型中通过建立随外部应力和

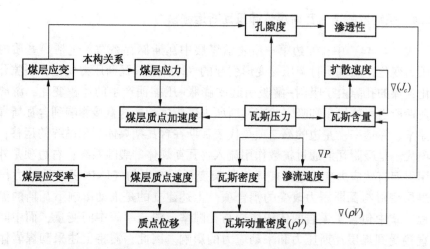

图 4-6　采动影响下含瓦斯煤气固耦合过程

瓦斯压力变化的动态孔隙率、渗透率模型将应力场与渗流场有机耦合。模型属于抛物线方程，模型本身极其复杂，对于具体的工程问题想要得出解析解基本不可能，往往只能通过计算机在给定对应的定解条件求出对应的数值解。但是，上述方程本身解是存在的，学者对上述抛物线方程的耦合问题的详细数值求解思路进行研究，并且证明解的存在。

4.2.5　模型定解条件分析

上述建立采动影响下的含瓦斯煤气固耦合动力学模型是一个通用模型，针对特定情况下某一问题要获得数值解，还需针对具体问题给出相应初始条件和边界条件加以限制和约束。在数值求解中，常把上述求解所需初始条件和边界条件又称为定解条件。本文建立的气固耦合动力学模型的定解条件主要包括煤岩体变形的初始条件和边界条件，瓦斯流动的初始条件和边界条件两个方面。

1. 煤岩体变形的定解条件

1）初始条件

作为应力场的初始条件，通常是时间 $t=t_0$ 时，在研究域里应力初始条件为 $\sigma|_{t=0}=\sigma_0$，位移初始条件为 $\mu|_{t=0}=\mu_0$。

2）煤岩变形的边界条件

煤岩变形的应力场的边界条件分为 3 类：一是应力边界条件；二是位移边

界条件；三是混合边界条件。

（1）煤岩体边界上的应力构成了应力边界条件。

面力 F 作用在边界面上 Fx，Fy，Fz 分别是沿坐标轴 x，y，z 3 个方向的分量。该边界法向与 x，y，z 三坐标轴正向的夹角为 θ，φ，ω，方向余弦分别为 l，m，n（$l=\cos\theta$，$m=\cos\varphi$，$n=\cos\omega$）。此时，应力边界：

$$\begin{cases} \sigma_x l + \tau_{yx} m + \tau_{zx} n = Fx \\ \sigma_y l + \tau_{zy} m + \tau_{xy} n = Fy \\ \sigma_z l + \tau_{xz} m + \tau_{yz} n = Fz \end{cases} \tag{4-48}$$

（2）位移边界条件。

设定研究域边界的变形为定值，即 $\mu|_{t=0}=\mu_0$。

（3）混合边界条件。

混合边界条件是知道部分应力边界和部分位移边界条件。

2. 瓦斯渗流场的定解条件

1）瓦斯流动初始条件

瓦斯压力分布和瓦斯浓度分布均可作为瓦斯流动的初始条件，然而通常情况下煤岩中瓦斯浓度可用瓦斯压力的函数表示，所以通常将煤层中的初始瓦斯压力分布作为流动场的初始条件，即 $P|_{t=0}=P_0$，P_0 初始瓦斯压力值。

2）瓦斯流动边界条件

瓦斯流动的边界条件分为 4 类：煤层瓦斯分析域边界 S 上压力恒定，即 $P(x，y，z，t)|_s=const$；煤层瓦斯在分析域边界 S 上流量恒定，即 $\left.\dfrac{\partial P}{\partial n}\right|_s=const$；混合边界，在边界上压力和流量的组合的关系式为已知，和分析领域内边界面上流量相等，可用张量形式表示。

$$k_1 \frac{\partial P_1}{\partial n_1} = k_2 \frac{\partial P_2}{\partial n_2} \tag{4-49}$$

4.3 卸压瓦斯运移耦合动力学模型应用

4.3.1 气固耦合模型数值求解方法

对于气固耦合问题的数值解，通常采用两种方法：有限差分法和有限元法。有限差分法（FDM）是对微分方程进行离散得到差分方程的方法。它以差分公式解微分方程，要求求解变量必须是连续的。FDM 将数学离散与偏微分方程的物理演化过程结合起来，发展成了一套技术相对成熟、高效的算法。

有限元法（FEM）是以能量原理为基础，把问题转化为求泛函的极值问题，再经离散化得到计算格式，并假设单元间不连续变化。FDM 的求解精度比 FEM 高一些，但后者比前者应用简单、灵活。FEM 不仅能适应各种复杂的几何形状及边界条件，而且能处理各种复杂的材料性质问题。FEM 还能解决非均质连续介质的问题，应用范围极为广泛。随着计算机技术的发展，FEM 在解决工程实际问题中发挥了巨大作用，利用 FEM 可以解决许多传统方法难以或无法解决的问题。

1. 数值计算软件

1968 年，COMSOL 公司在瑞典成立。目前，已在全球多个国家和地区成立分公司及办事机构。COMSOL Multiphysics 起源于 MATLAB 的 PDE Toolbox，最初命名为 PDE Toolbox1.0。2003 年，正式命名为 COMSOL Multiphysics。它是基于偏微分方程组而开发的可以多物理场耦合的一个分析工具。应用章节 4.2 所述偏微分方程，并以 COMSOL 软件作为平台，进行重新组合计算就可以得出瓦斯流动的数值解。

COMSOL Multiphysics 是一款大型的高级数值仿真软件，是一个基于偏微分方程的专业有限元数值分析软件包，是一种针对多物理场模型进行建模和仿真计算的交互式开发环境系统。因该软件的建模求解功能基于一般偏微分方程的有限元求解，所以可以连接并求解任意物理场的耦合问题，被当今世界科学家称为"第一款真正的任意多物理场直接耦合分析软件"，适用于模拟科学和工程领域的各种物理过程。它以高效的计算性能和杰出的多场直接耦合分析能力实现了任意多物理场的高度精确的数值仿真，在全球领先的数值仿真领域里得到广泛应用。

COMSOL Multiphysics 软件通过把任意多物理场应用模块整合成对一个单一问题的描述，使得建立耦合问题变得更为容易。针对不同的具体问题，可进行静态和动态分析、线性和非线性分析、特征值和模态分析等各种数值分析。其显著特征归纳起来主要有以下几点：①求解多场问题等于求解方程组，用户只需选择或者自定义不同专业的偏微分方程，进行任意组合便可轻松实现多物理场的直接耦合分析；②完全开放的框架结构，用户可在图形界面中轻松自由定义所需的专业偏微分方程；③任意独立函数控制的求解参数，材料属性、边界条件、载荷均支持参数控制；④专业的计算模型库，内置各种常用的物理模型，用户可轻松选择并进行必要的修改；⑤内嵌丰富的 CAD 建模工具，用户可直接在软件中进行二维和三维建模；⑥全面的第三方 CAD 导入功能，支持当前主流 CAD 软件格式文件的导入；⑦强大的网格剖分能力，支持多种网格剖分，支持移动网格功能；⑧对于不同物理场中交叉耦合项的处理简单有效，一方面，在各物理场的偏微分方程中考虑了不同场的影响，另一方面，各物理场中的计算变量可以直接用于耦合关系的定义；⑨自带有 Script 语言并兼容 Matlab 语言，具有强大的二次开发功能，对于创新性理论研究尤为适合；⑩丰富的后处理功能，可根据用户的需要进行各种数据、曲线、图片及动画的输出与分析。

软件中预先定义的物理模型主要有：①结构力学模块；②化学工程模块；③热传导模块；④AC/DC 模块；⑤射频模块；⑥微机电模块；⑦地球科学模块；⑧声学模块；⑨反应工程实验室；⑩信号与系统实验室；⑪最优化实验室；⑫CAD 导入模块；⑬二次开发模块。如用户要求解的问题不属于软件中已定义的物理模型，可以应用 COMSOL Multiphysics 提供的 PDE 模式即偏微分方程模式，通过定义微分方程及定解条件来求解问题。COMSOL Multiphysics 中的偏微分方程有 3 种形式：①系数形式（coefficient form）；②一般形式（general form）；③弱形式（weak form）。其中，系数形式和一般形式十分类似，系数形式主要解决线性问题，而一般形式可以解决线性和的线性问题，而弱解形式主要用于解决非线性问题以及一些无法用前两者表达的线性问题。弱解形式是功能最为强大的一种求解方法，尤其能解决时间和空间混合导数的情形；前两者可以解决的问题都可以用弱解形式解决，只是更为复杂些。COMSOL Multiphysics 是一个完整的数值模拟软件，通过其交互建模环境，可以从开始建立模型一直到分析结束，不需要借助任何其他软件；该软件的集成工具可以确保用户有效地进行建模过程中的每一个步骤。通过便捷的图形环境，可在不同步骤之间进行转换，相当方便，即使改变几何模型尺寸，模型仍然保留边界条件和约束方程。典型的建模过程包括 6 个步骤：①建立几何模型；②定义物理参数；③划分有限元网格；④求解；⑤可视化后处理；⑥拓扑优化和参数化分析。

2. 气固耦合模型的数值实现

采动煤岩体变形方程、卸压瓦斯流动方程、耦合变量方程及定解条件组成了采动煤岩变形与瓦斯流动气固耦合动力学模型。在采动煤岩变形与瓦斯流动气固耦合动力学模型中，采动煤岩体的变形控制方程是成熟的孔隙压力的力学平衡方程，可由内置 COMSOL Multiphysics 的静态平面应变应用模式求解；而采动煤岩体的瓦斯流动控制方程考虑了孔隙率变化、扩散和流动过程是高度的非线性方程，没有合适的应用模式可用，则必须使用数学模式求解，通常采用参数形式的 PDEs 方程。当以 μ 为因变量时的偏微分方程式为式（4-50）、式（4-51）和式（4-52）。其中，式（4-50）为求解域上的方程，式（4-51）为诺埃曼边界条件，式（4-52）为狄利克边界条件。

$$e_a \frac{\partial^2 \mu}{\partial t^2} + d_a \frac{\partial \mu}{\partial t} + \nabla(-c\nabla\mu - \alpha\mu + \gamma) + \beta\nabla\mu + \alpha\mu = f \quad (\mu \in \Omega)$$

$$\tag{4-50}$$

$$n(c\nabla\mu - \alpha\mu + \gamma) + q\mu = g - h^T\mu \quad (\mu \in \partial\Omega) \tag{4-51}$$

$$h\mu = r \quad (\mu \in \partial\Omega) \tag{4-52}$$

式中　　Ω——计算区域；

$\quad\quad \partial\Omega$——计算区域的边界；

$\quad\quad n$——边界拟的外法线方向；

$\quad\quad c$——扩散系数；

$\quad\quad \alpha$——吸收系数；

$\quad\quad \beta$——对流系数；

$\quad\quad \gamma$——能量源项；

$\quad\quad q$——边界上的吸收系数；

$\quad\quad h$——方程的系数；

$\quad\quad f$——源项；

$\quad\quad g$——边界上的源项；

$\quad\quad r$——右端项。

其中的系数和项都可以作为空间坐标的函数，当系数和项仅依赖于空间坐标时，那么数学表达式是线性的；如果其依赖于因变量 μ 或因变量的变化量 $\nabla\mu$，那么数学微分方程为是非线性的。在渗流场和应力场的耦合分析中，渗流连续性方程和应力平衡方程最终都可以归结为上述形式。

4.3.2　气固耦合动力学模型的应用

1. 预抽钻孔的合理间距分析

为了分析预抽钻孔合理间距，以垂直煤层的顺层钻孔瓦斯抽采工程为背景，在假设钻孔沿轴向没有位移和流量为零的前提下，可将瓦斯抽采钻孔看作为平面应变和平面径向流模型。建立相应的计算几何模型，其中，模型长×宽为 220 m×30 m，模型中抽采钻孔直径为 113 mm，煤层的原始瓦斯含量为 6.26 m^3/t，透气性系数为 0.1 $m^2/(MPa^2 \cdot d)$，抽采钻孔负压为 22 kPa，具体煤体物性参数见表 4-1。在煤体中间布置一排钻孔，钻孔从左向右布置 19 个钻孔，钻孔之间间距分别为 4 m、4 m、5 m、5 m、6 m、6 m、7 m、7 m、8 m、8 m、9 m、9 m、10 m、10 m、11 m、11 m、12 m、12 m，钻孔布置如图 4-7 所示。

表4-1　数值模型参数

参数名称	值	参数名称	值
煤的弹性模量 E/MPa	3000	煤的泊松比 μ	0.29
煤密度 ρ_c/(kg·m^{-3})	1310	摩擦角/(°)	41
煤初始孔隙率 ϕ_0/%	6.43	内聚力 C/MPa	3.0
初始渗透率/m^2	2.5×10^{-18}	煤层温度（恒定）T/K	291
煤的最大吸附量 a/(m^3·kg^{-1})	25.7856×10^{-3}	原始煤层瓦斯含量/(m^3·t^{-1})	6.26
煤的吸附参数 b/MPa^{-1}	1.1050	普适常数 R/[(Pa·m^3)·(mol·K)$^{-1}$]	8.3143
煤中灰分/%	5.59	扩散系数 D_s/(m^2·d^{-1})	2.16×10^{-3}
煤中水分/%	3.26	瓦斯初始密度 ρ_n/(kg·m^{-3})	0.717
钻孔半径 r_0/mm	113	抽采负压 P_1/kPa	22

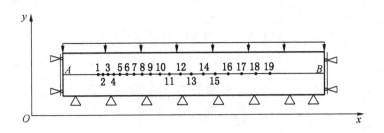

图 4-7　预抽钻孔分析模型

不同抽采时间下煤体瓦斯含量变化云图如图 4-8 所示。根据数值分析的结果，可看出模型在钻孔左端瓦斯含量较高，从布置钻孔区域左端开始到钻孔右端煤层瓦斯含量逐渐增大，说明在同等抽采时间、抽采负压及钻孔半径下，钻孔间距较小的瓦斯抽采效果较好。在同等抽采条件下，钻孔密度大的瓦斯含量明显比钻孔稀疏地方大；而根据图 4-9 发现在抽采 180 d 时，当钻孔间距为 6 m、7 m 时，单元的残余煤层瓦斯含量有明显降低，瓦斯含量梯度变化明显。在现场实际钻孔布置中，增加钻孔密度是提高瓦斯抽采效果的有效措施，但是在一定预抽期内，钻孔越密，工程量越大，施工时间、花费的封孔材料以及人员成本将大幅增大，造成矿井煤层开采成本增加。然而，抽采钻孔之间的间距过大，又会造成瓦斯抽采效果欠佳，往往出现抽采盲区，引起开采中瓦斯涌出异常，影响煤层开采效益。

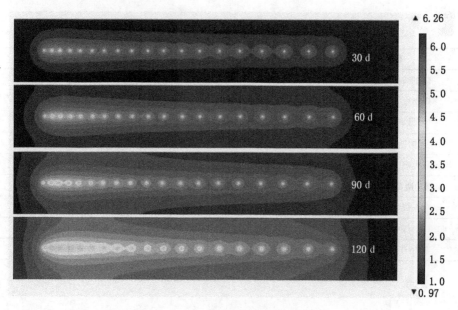

图4-8 不同抽采时间瓦斯含量云图

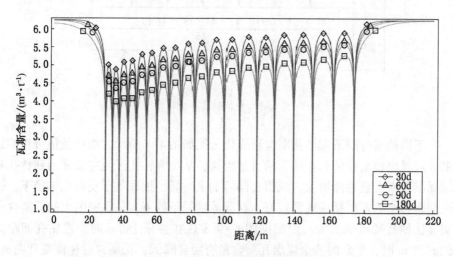

图4-9 线 *AB* 瓦斯含量变化图

为了分析目前抽采水平下不同钻孔间距的抽采效果，在模型中选取不同钻孔间的煤体单元进行瓦斯含量定量分析，如图4-10所示；不同钻孔距离瓦斯含量随抽采时间变化，如图4-11和图4-12所示。

根据图4-10和图4-11可知，在抽采180 d时，当钻孔间距为12 m时，钻孔之间的残余瓦斯含量最大为5.171 m³/t，降低17.39%；当钻孔间距为10 m时，钻孔之间的残余瓦斯含量最大为4.941 m³/t，降低21.07%；当钻孔间距为8 m时，钻孔之间的残余瓦斯含量最大为4.649 m³/t，降低25.73%；当钻孔间距为6 m时，钻孔之间的残余瓦斯含量最大为4.254 m³/t，降低32.04%；当钻孔间距为4 m时，钻孔之间的残余瓦斯含量最大为3.996 m³/t，同比降低36.17%。

为分析钻孔间距的合理性，选取不同间距钻孔中点，分析该点残余煤层瓦斯含量随时间变化，瓦斯含量变化如图4-12所示。其点坐标分别是（36，15）（57，15）（78，15）（123，15）（168，15），分别为钻孔间距为4 m、6 m、8 m、10 m、12 m的中点。由图4-12可知，随着钻孔间距增大，钻孔间中点的瓦斯含量随抽采时间衰减梯度逐渐减小，明显看出钻孔间距4 m和6 m在抽采前90天衰减梯度较大，而随着时间延长含量变化梯度越发接近。

乌东煤矿45号煤层，截止+500 m水平并非突出煤层，因此，判定钻孔的瓦斯抽采效果，并不能将常规的瓦斯压力降低至0.74 MPa或者残余瓦斯含量降低至8 m³/t作为判定抽采效果的指标。在此，按照《煤矿安全规程》规定的煤层瓦斯预抽率达到30%作为衡量瓦斯有效抽采。根据实际情况，钻孔之间

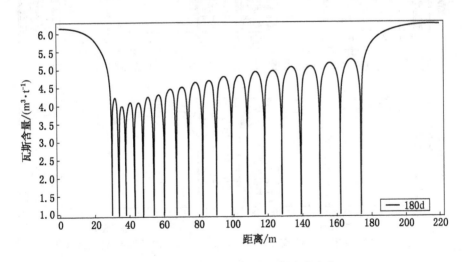

图4-10 抽采180 d线 *AB* 瓦斯含量变化

的煤体瓦斯含量应该降低至 6.26×(1-30%)= 4.382 m³/t，因此，将钻孔之间最大残余煤层瓦斯含量小于 4.382 m³/t 作为衡量瓦斯抽采效果达标的依据。根据数值分析结果和上述分析，满足预想瓦斯抽采效果的钻孔间距为 4 m、5 m、6 m 的情况，钻孔间距越小，瓦斯含量衰减梯度越大，在相同抽采条件下，瓦斯抽采效果更佳。预抽同等瓦斯含量煤层并达到指定的预抽效果，其钻孔间距为 5 m 的工程量是钻孔间距 4 m 的 96%，钻孔间距为 6 m 的工程量是钻

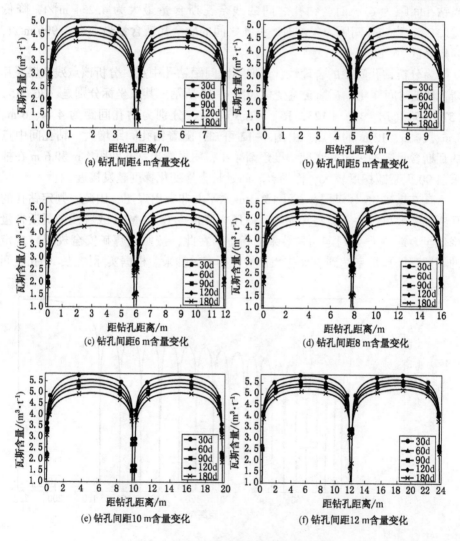

图 4-11 不同钻孔间距瓦斯含量变化

孔间距 4 m 的 68%，由此分析认为在抽采负压为 22 kPa，钻孔半径为 113 mm，抽采 180 天的情况下比较合理钻孔间距为 6 m。

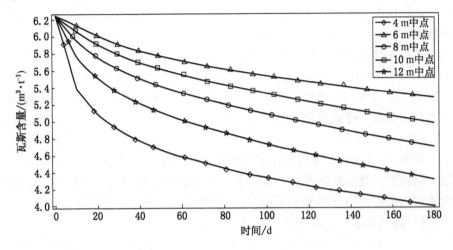

图 4-12　不同孔间距中点含量变化

2. 卸压瓦斯运移模型的应用

1）几何模型

为了尽量符合实际情况，建立模型长度为 300 m，模型高度为 130 m，其中，开采分层厚度为 25 m，下部为 75 m，将上部老采空区简化为岩体。在此，并不考虑上部老空区瓦斯运移规律，根据前文分析卸压区并不均匀分布，但是沿煤层走向方向上，卸压区基本沿采空区中部对称，走向卸压角为 57°。在此，设置卸压区深度为 20 m，采空区长度 200 m，由此，可得到如图 4-13 模型示意图。

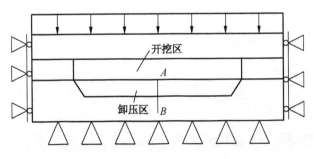

图 4-13　卸压瓦斯运移几何模型

2）初始条件和边界条件

（1）初始条件。

卸压区由于受到上分层煤体开采影响透气性发生变化，其变化规律在数值分析中按照式（1-25）设置，随着开采分层的距离增大而减小。煤层瓦斯含量按照乌东煤矿的实际瓦斯含量梯度添加，随着埋深增加而增大，其瓦斯含量梯度为每埋深增加 100 m 瓦斯含量增大 1.63 m^3/t，模型底部瓦斯含量为 6.26 m^3/t。即煤层初始煤层瓦斯含量按照 $y = 5.21 + 1.63h$ 设置，其他煤体物性参数按照表 4-1 进行设置。

（2）边界条件。

如图 4-13 所示，在模型顶部施加应力边界条件，左、右端边界设置为固定方向约束，模型底部采用固定边界。对于瓦斯流动边界，在煤层开采边界设置为雷诺边界，在模型底部以及左右两端设置为狄利克边界条件。

3）数值计算及结果分析

采场周围瓦斯流动分布如图 4-14 所示。受采动影响，下部煤体在一定范围内卸压，其卸压范围内煤层渗透性成倍的增长。由于采空区气体压力远小于底部高压的瓦斯，因此，底部高压瓦斯将快速通过底部渗流、扩散进入采空区，导致下部卸压煤体瓦斯含量降低。由于采场下伏"横三区"的形成，在应力集中区内煤层瓦斯含量具有增大趋势。煤层受采动影响，应力集中区内煤体中的孔隙、裂隙被压密，因此，形成了瓦斯压力的集中，即瓦斯压力、瓦斯含量在下部形成了压力稳定区、压力增加区以及压力降低区。采空区中部煤体不同深度垂直位移随时间变化如图 4-15 所示。从图 4-15 看出，随着煤层瓦斯含量、瓦斯压力降低，煤层变形增加；这与过去瓦斯抽采过程中随着瓦斯压

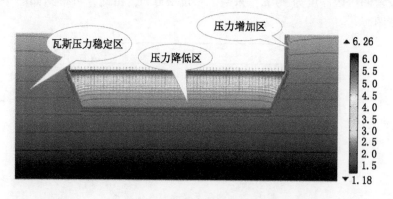

图 4-14　卸压瓦斯流动分布规律

力、瓦斯含量、煤层应力变化，透气性增加的研究结论一致。采空区中部下部不同埋深煤体残余瓦斯含量随时间的变化如图 4-16 所示。随着时间的延长，卸压区范围内煤层瓦斯含量降低明显；随着埋藏深度的增加，其瓦斯含量不断增大，越靠近开采分层底部其残余瓦斯含量越小，这因为不同深度煤岩体破坏程度不同，造成不同深度煤层透气性不尽相同。另外，随着时间延长，相同时间内煤层瓦斯含量降低梯度越来越小，最终趋于新的瓦斯平衡状态。

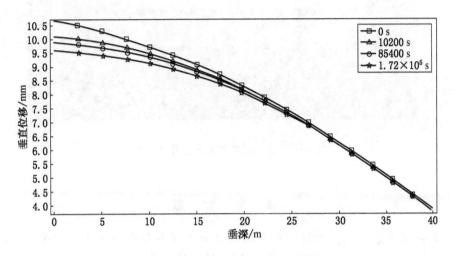

图 4-15　不同深度垂直位移随时间变化

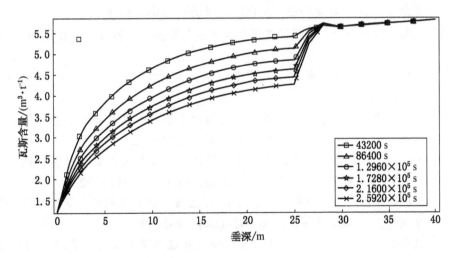

图 4-16　不同埋深残余瓦斯含量分布

　　卸压拦截抽采钻孔间距为 30 m，抽采负压为 20 kPa，抽采影响下瓦斯流动规律如图 4-17 所示。受钻孔抽采影响，钻孔附近的卸压流入抽采钻孔，与图4-16相比较，下部卸压煤体流入工作面采空区瓦斯量明显减小，从而起到降低采空区瓦斯涌出的作用。

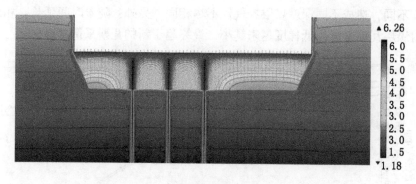

图4-17　卸压拦截抽采下瓦斯流动规律

参 考 文 献

［1］武猛猛，王刚，王锐，等．浅埋采场上覆岩层孔隙率的时空分布特征［J］．煤炭学报，2017，42（S1）：112-121.

［2］李文鑫，王刚，杜文州，等．真三轴气固耦合煤体渗流试验系统的研制及应用［J］．岩土力学，2016，37（07）：2109-2118.

［3］刘林．下保护层合理保护范围及在卸压瓦斯抽采中的应用［D］．中国矿业大学，2010.

［4］杨轩．沁水盆地南部煤层气富集控制因素研究［J］．石化技术，2015，22（08）：167.

［5］韩军，张宏伟，张普田．推覆构造的动力学特征及其对瓦斯突出的作用机制［J］．煤炭学报，2012，37（02）：247-252.

［6］程卫民，孙路路，王刚，等．急倾斜特厚煤层开采相似材料模拟试验研究［J］．采矿与安全工程学报，2016，33（03）：387-392.

［7］王刚，杨鑫祥，张孝强，等．基于CT三维重建的煤层气非达西渗流数值模拟［J］．煤炭学报，2016，41（04）：931-940.

［8］魏国营，姚念岗．断层带煤体瓦斯地质特征与瓦斯突出的关联［J］．辽宁工程技术大学学报（自然科学版），2012，31（05）：604-608.

[9] 曹国华，田富超，郝从娜．地质构造对寺河矿煤层瓦斯赋存规律的影响分析 [J]．煤炭工程，2009，(03)：57-60.

[10] 王刚，程卫民，孙路路，等．煤层瓦斯压力及压力梯度影响因素的分析 [J]．煤矿安全，2013，44 (02)：152-156.

5　急倾斜煤层水平分层开采应力场、裂隙场三维数值分析

5.1　数值模拟软件介绍

5.1.1　FLAC3D 软件介绍

FLAC3D（Fast Lagrangian Analysis of Continua in 3Dimensions）是美国 ITASCA 国际咨询与软件开发公司在 FLAC 基础上开发的三维数值分析软件。FLAC3D 是面向土木工程、交通、水利、石油及采矿工程、环境工程的通用软件系统。FLAC3D 在土木及采矿工程中可实现对岩石、土和支护结构等建立三维模型，进行复杂的数值分析与设计等。FLAC3D 模拟软件采用拉格朗日算法，考虑变形对结点坐标的影响，因此，适合于建立大变形非线性模型，使其在包括采矿工程在内的大型岩土工程中获得了广泛应用。将计算区域划分为若干六面体单元，每个单元在给定的边界条件下遵循指定的线性或非线性本构关系，如果单元应力使得材料屈服或产生塑性流动，则单元网格可以随着材料的变形而变形，这就是所谓的拉格朗日算法。FLAC3D 具有较强大的后处理功能，可以生成非常复杂的三维网格，在计算过程中用户可以用彩色或灰度图或数据文件输出结果，以对结果进行实时分析，也可以根据需要绘制计算域内任意截面上的二维变量等值线图或矢量图等；其计算结果数据文件根据用户需要还可外接 Tecplot 等后处理软件来自动绘图。

5.1.2　FLAC3D 求解原理

FLAC3D 采用显式有限差分方法求解，首先要生成网格，其物理网格映射在数学网格上，其一般计算程序如图 5-1 所示。首先，由运动方程得出各个节点的速率，然后，根据高斯定理可求得单元的应变率，进而，根据材料的本构关系由应变速率求得单元新的应力，每一个循环为一个时步；图中循环的每一步都要对单元的相关变量进行更新。

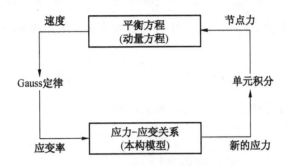

图 5-1 FLAC3D 的计算循环示意图

在 FLAC3D 求解中，对于函数 F，由高斯定理

$$\int_B Fn_i \mathrm{d}s = \int_V \frac{\partial F}{\partial x_i} \mathrm{d}V \tag{5-1}$$

式中　V——函数求解域（或单元）的体积；

　　　B——V 的边界；

　　　n_i——V 的单位外法线矢量。

定义梯度 $\dfrac{\partial F}{\partial x_i}$ 的平均值：

$$\left\langle \frac{\partial F}{\partial x_i} \right\rangle = \frac{1}{V} \int_V \frac{\partial F}{\partial x_i} \mathrm{d}V \tag{5-2}$$

式中　<>——求平均值。

对于一个具有 N 条边的多边形，上式可写成对 N 条边求和的形式。

$$\left\langle \frac{\partial F}{\partial x_i} \right\rangle = \frac{1}{V} \sum_N \overline{F}_i n_i \Delta S_i \tag{5-3}$$

式中　ΔS_i——多边形的边长；

　　　$\overline{F}_i$——F 在 ΔS_i 上的平均值。

以速度 u_i 代替上式中的 F_i，且 u_i 取差分网络角点的速度平均值，则

$$\left\langle \frac{\partial \dot{u}_i}{\partial x_i} \right\rangle = \frac{1}{2V} \sum \left[(\dot{u}_i^a + \dot{u}_i^b) \, n_j \Delta S_i \right] = \frac{\partial \dot{u}_i}{\partial x_j} \tag{5-4}$$

对于三角形单元

$$\left\langle \frac{\partial \dot{u}_i}{\partial x_j} \right\rangle = \frac{1}{2V} \left\{ \left[\dot{u}_i^{(1)} + \dot{u}_i^{(2)} \right] n_j \Delta S_i^{(a)} + \left[\dot{u}_i^{(2)} + \dot{u}_i^{(3)} \right] n_j \Delta S_i^{(b)} + \left[\dot{u}_i^{(3)} + \dot{u}_i^{(1)} \right] n_j \Delta S_i^{(c)} \right\}$$

同理，可求得 $\left\langle \dfrac{\partial \dot{u}_i}{\partial x_i} \right\rangle$ 的值。由几何方程可求得单元的平均应变增量。

$$(\Delta e_{ij}) = \frac{1}{2}\left[\left\langle \frac{\partial \dot{u}_i}{\partial x_j} \right\rangle + \left\langle \frac{\partial \dot{u}_j}{\partial x_i} \right\rangle\right]\Delta t \tag{5-5}$$

由广义胡克定律，各向同性材料的本构方程：

$$\sigma_{ij} = 2\mu\varepsilon_{ij} + \lambda\theta\delta_{ij} \tag{5-6}$$

$$\delta_{ij} = \begin{cases} 1 & (i = j) \\ 0 & (i \neq j) \end{cases} \tag{5-7}$$

式中　λ、μ——拉梅常数；

　　　θ——体积应变（$\theta = \varepsilon_{ij} = \varepsilon_{11} + \varepsilon_{22} + \varepsilon_{33}$）。

因此，单元的平均应力增量：

$$< \Delta\sigma_{ij} > = \lambda\delta_{ij} < \Delta\theta > + 2\mu < \Delta e_{ij} > \tag{5-8}$$

同时，若以应力表示应变，则其本构关系：

$$< \Delta e_{ij} > = \frac{1+\mu}{E} < \Delta\sigma_{ij} > + \frac{\mu}{E}I_1\delta_{ij} \tag{5-9}$$

式中　μ——泊松比；

　　　E——弹性模量；

　　　I_1——应力第一不变量。

通过上述各式的迭代求解，便可求出每一迭代时步相应各单元的应力和应变值。再将摩尔-库仑屈服准则 $\tau_n = -\sigma_n \tan\varphi + C$ 转换成用单元应力表示。

$$f = \sigma_3 - N\varphi\sigma_1 + 2C(N_\varphi)^{\frac{1}{2}} \tag{5-10}$$

$$N_\varphi = \frac{1 + \sin\varphi}{1 - \sin\varphi} \tag{5-11}$$

根据各单元 f 值的大小便可以判断单元屈服与否（$f<0$ 屈服；否则不屈服）。以上计算即可求出各域（单元）的应力。

5.2　数值模型建立

数值模拟方法已成为研究地下煤层开采引起的覆岩变形、应力分布情况研究的重要研究手段之一。因此，本节将应用 FLAC3D 模拟急倾斜煤层回采工作面采动应力、裂隙分布与演化情况。

5.2.1　数值几何模型的建立

数值模型以乌东煤矿+575m 水平 45 号煤层西翼工作面为原型，其煤层倾角 45°。考虑实际分析问题，模型尺寸为长×宽×高为 500 m×300 m×250 m，煤层工作面沿 Y 轴正方向推进，即 Y 方向为煤层走向方向，三维模型如图 5-2 所示。整个模型共划分为 411000 个单元、429328 个节点。

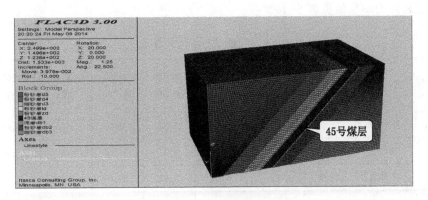

图 5-2　计算模型

5.2.2　模型边界条件、初始条件及参数选取

1. 模型的边界条件和初始条件

（1）模型左右边界为位移约束边界，即在 YZ 两个面限制 X 位移，取 $u=0$，$v\neq0$，$w\neq0$（u 为 X 方向位移，v 为 Y 方向位移，w 为 Z 方向位移）。

（2）模型前后边界为位移约束边界，即在 XZ 两个面限制 Y 方位，取 $u\neq0$，$v=0$，$w\neq0$。

（3）模型底部边界为固定，取 $u=0$，$v=0$，$w=0$。

（4）模型上边界为自由，模型底部建立至+500 m 水平。

2. 模型参数的选取

通过学者大量实验发现，数值分析时并不能根据实验室对岩块的力学测定数值进行数值分析，分析煤岩体力学性质的参数往往只有煤岩块相应参数值的 1/5~1/3，有的甚至可以达到 1/20~1/10，而煤岩体的泊松比与煤岩块泊松比相差不大。采用莫尔-库仑（Mohr-Coulomb）屈服准则式（5-1）判断岩体的破坏时，岩石的力学参数主要包括弹性模量 E、材料的泊松比 μ、抗压强度

σ_c、抗拉强度 σ_t、黏聚力 C、内摩擦角 φ。当 $f_s > 0$ 时，煤岩体将发生剪切破坏；岩体具有很小的抗拉强度，因此，常根据 $\sigma_3 > \sigma_t$，判断岩体是否产生拉破坏。

$$f_s = \sigma_1 - \sigma_3 \frac{1 + \sin\varphi}{1 - \sin\varphi} - 2C\sqrt{\frac{1 + \sin\varphi}{1 - \sin\varphi}} \tag{5-12}$$

根据岩石力学试验得到岩心力学参数，综合考虑到岩石的尺度效应，拟采用的岩体力学参数见表 5-1。

表 5-1 煤岩力学参数表

编号	岩石名称	厚度/m	密度/(kg·m⁻³)	体积模量/GPa	剪切模量/GPa	摩擦角/(°)	内聚力/MPa	抗拉强度/MPa
1	中砂岩		2570	7.40	3.82	38.0	3.36	2.00
2	细砂岩	40.0	2830	9.23	5.02	31.5	5.37	1.60
3	细砂岩	23.0	2770	6.61	3.78	35.0	3.29	1.20
4	粉砂岩	8.3	2418	2.42	0.99	38.7	2.65	0.60
5	粉砂岩	4.3	2541	5.33	2.75	35.0	2.25	0.50
6	45 号煤层	22.0	1337	0.91	0.37	41.0	0.90	0.15
7	泥岩	3.4	2418	4.51	2.20	35.0	2.25	0.90
8	粉砂岩	34.0	2588	3.88	2.11	36.8	3.26	1.60
9	细砂岩	13.5	2770	8.58	4.43	33.6	4.13	1.70

5.2.3 计算过程

（1）建立几何模型，给定模型的边界条件、初始应力条件。

（2）选取煤岩体力学参数和屈服准则。

（3）计算模型初始应力状态。

（4）尽可能与实际相符合，第一次开挖 10 m。

（5）之后以 5 m 为开挖步，一次开挖阶段高度为 25 m，实行分步开挖模拟+575 m 水平 45 号西翼工作面采动应力随工作面推进的变化。

5.3 数值模拟结果与分析

5.3.1 煤岩体应力分布及演化规律

当煤层没有开挖时，周围的煤岩体处于一种相对平衡状态，受煤层开挖影响，煤岩体应力将发生重新分布。未开挖前初始应力状态分布图如图 5-3 所示。模型内各煤岩层所承受的垂直应力为上部煤岩层的质量之和，整体垂直应力从上至下逐渐增大，但是受到煤层倾角和自重的影响，在同一垂直高度上的垂直应力并不相等。煤层底板岩层显现的垂直应力在相同标高上垂直应力小，这是因为煤层密度与岩层密度相差较大造成。

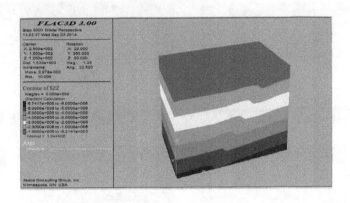

图 5-3　初始应力状态分布图

上分层煤层沿走向开采 20 m、40 m、60 m、80 m、130 m 在走向方向上和采空区中部倾向方向上垂直应力分布云图如图 5-4 所示。根据应力分布云图得出应力分布及演化规律：受煤层开采扰动影响，煤岩体内部原岩应力平衡状态被打破，形成新的应力状态，即应力重新分布。受到上分层煤体开采影响，在开采分层工作面前端和开切眼一侧煤体（在煤层走向方向上）煤层垂直应力呈现"横三区"（卸压区、应力集中区及原岩应力区）分布，两侧垂直应力基本呈现对称分布。应力集中区煤体压缩，应力大于初始应力；应力降低区岩层应力小于初始地应力，处于卸压状态，如开采煤层周围云图中深颜色区域，煤岩体产生膨胀变形。在工作面沿倾斜方向上，煤岩垂直应力在分层上端靠近煤层底板一侧出现应力集中，在靠近煤层顶板一侧煤岩出现明显卸压，而在开采分层底部靠近顶板侧出现应力集中，在靠近开采分层底部靠近底板侧出现明显卸压。随着开采距离的增大，工作面及开切眼端的应力集中范围逐渐增大，当开采长度达到 60 m 左右时，其应力影响范围基本保持不变。

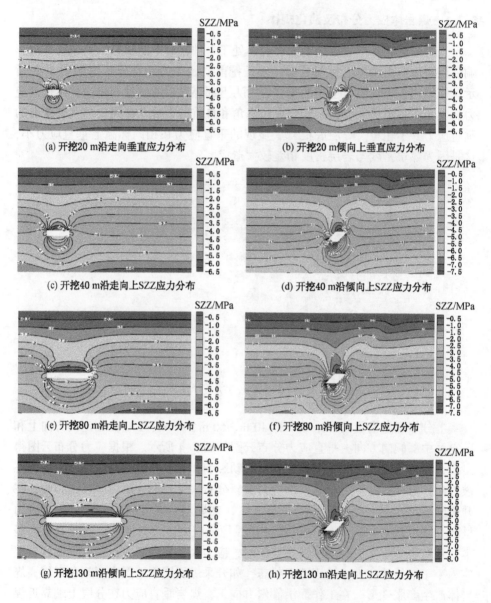

(a) 开挖20 m沿走向垂直应力分布　　　　(b) 开挖20 m倾向上垂直应力分布

(c) 开挖40 m沿走向上SZZ应力分布　　　　(d) 开挖40 m沿倾向上SZZ应力分布

(e) 开挖80 m沿走向上SZZ应力分布　　　　(f) 开挖80 m沿倾向上SZZ应力分布

(g) 开挖130 m沿倾向上SZZ应力分布　　　　(h) 开挖130 m沿走向上SZZ应力分布

图 5-4　不同开采距离垂直应力分布云图

图 5-5 至图 5-8 是不同开采距离水平应力 SXX 和 SYY 以及剪切应力的分布云图，其水平应力分布基本与垂直应力分布以及演化具有类似的规律。不同开采长度下工作面前方煤体内垂直应力变化如图 5-9 所示。根据该图可以看出，随着工作面推进长度的增加，工作面前方煤体垂直应力有所增大，而垂直应力峰值在 20 m 左右区域，在工作面前方 20 m 至煤壁这段距离，煤层应力迅速降低。采动影响较为剧烈区域为工作面前方 30 m 左右，整个工作面前方采动影响范围在 60 m 左右。数值分析结果与实际生产中实测支承压力 22~30 m 范围内，顶底板巷道变形量在工作面前方 20 m 左右急剧变化的结果较为符合。

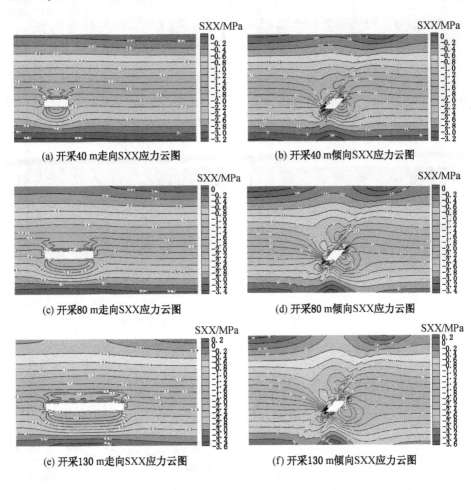

(a) 开采40 m走向SXX应力云图

(b) 开采40 m倾向SXX应力云图

(c) 开采80 m走向SXX应力云图

(d) 开采80 m倾向SXX应力云图

(e) 开采130 m走向SXX应力云图

(f) 开采130 m倾向SXX应力云图

图 5-5　不同开采距离水平应力 SXX 分布图

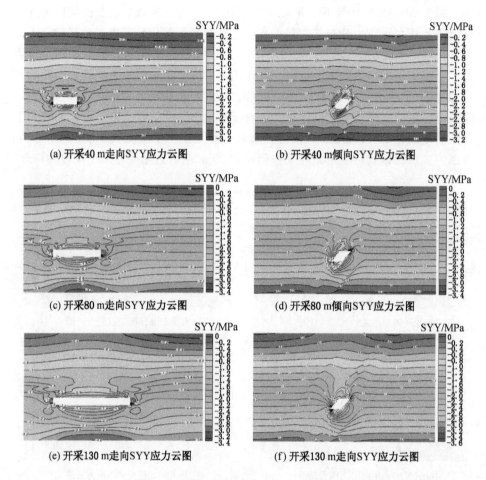

(a) 开采40 m走向SYY应力云图　　　　(b) 开采40 m倾向SYY应力云图

(c) 开采80 m走向SYY应力云图　　　　(d) 开采80 m倾向SYY应力云图

(e) 开采130 m走向SYY应力云图　　　　(f) 开采130 m走向SYY应力云图

图 5-6　不同开采距离水平应力 SYY 分布图

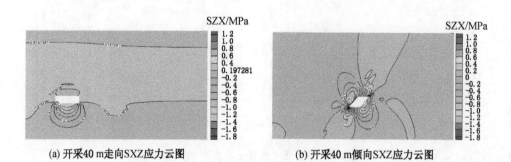

(a) 开采40 m走向SXZ应力云图　　　　(b) 开采40 m倾向SXZ应力云图

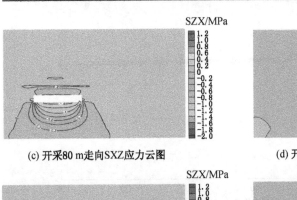

(c) 开采80 m走向SXZ应力云图　　　　(d) 开采80 m倾向SXZ应力云图

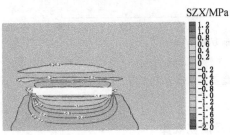

(e) 开采130 m走向SXZ应力云图　　　　(f) 开采130 m倾向SXZ应力云图

图5-7　不同开采距离剪切应力 SXZ 分布图

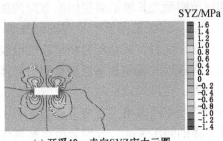

(a) 开采40 m走向SYZ应力云图　　　　(b) 开采80 m走向SYZ应力云图

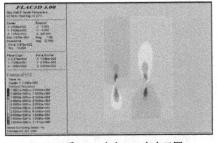
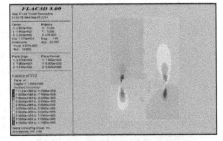

(c) 开采130 m走向SYZ应力云图　　　　(d) 开采190 m走向SYZ应力云图

图5-8　不同开采距离剪切应力 SYZ 分布图

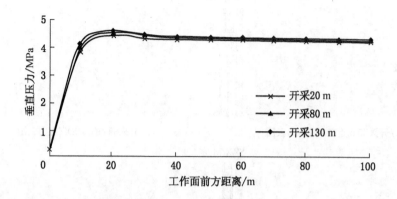

图 5-9　工作面前方超前支承压力分布图

5.3.2　上分层开采后下部煤体应力分布及演化规律

　　不同开采距离开采分层下部不同深度煤岩应力分布图如图 5-10 所示。由图看出，随着开采距离增加，其采动影响范围、卸压范围不断扩大，当开采长度小于回采工作面长度时，下部煤体的卸压范围呈现长轴沿煤层倾向方向的椭圆状。当开采长度基本等于回采工作面长度时，卸压范围基本呈现圆形分布。而当工作面开采走向距离大于或远大于工作面长度时，其卸压范围呈长轴沿煤层走向的椭圆状。但产生的形状并不对称，在靠近底板侧和靠近顶板侧的煤体卸压程度不同，靠近煤层底板侧卸压程度更大，在煤层顶板侧一定范围甚至出现了应力集中现象，且这种应力集中范围随着开采距离增大有增大趋势。为了更详细分析受到上分层煤层开采影响下部煤体的卸压情况，分别分析下部煤体沿煤层走向和煤层倾向分布情况。

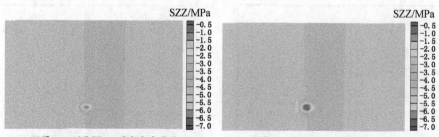

(a) 开采20 m下分层5 m垂直应力分布　　　　(b) 开采30 m下分层5 m垂直应力分布

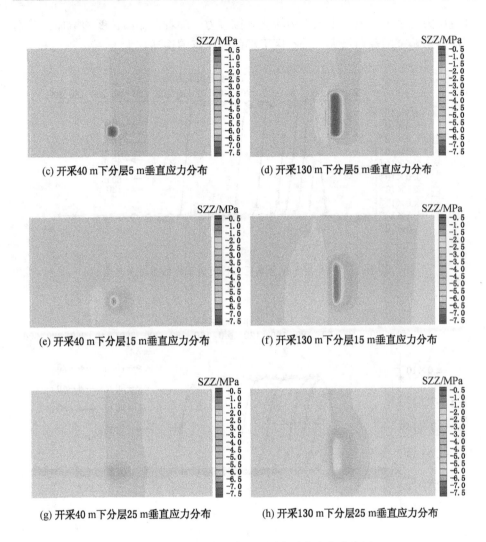

(c) 开采40 m下分层5 m垂直应力分布　　　　(d) 开采130 m下分层5 m垂直应力分布

(e) 开采40 m下分层15 m垂直应力分布　　　(f) 开采130 m下分层15 m垂直应力分布

(g) 开采40 m下分层25 m垂直应力分布　　　(h) 开采130 m下分层25 m垂直应力分布

图 5-10　不同开采距离不同深度垂直应力分布图

　　工作面下部深度 5 m、10 m 中部煤体沿煤层走向方向水平观测线上垂直应力随上分层工作面开采长度的变化规律分别如图 5-11 和图 5-12 所示。图中工作面起始位置即开切眼距离模型端部 50 m，该深度的原始垂直应力为 4.5 MPa，工作面推进 10~30 m，回采工作面两侧受到支承应力随着采空区增加而增加。采空区下部区域应力降低，卸压呈现"V"字形对称分布，中间位置应力最小，其垂直应力不断减小，直至开采 30 m 时，采空区下部煤体出现垂直应力几乎为正值，由压应力转化为拉应力。随着工作面长度的增加，其垂直应力影响范围逐渐增大，采空区下部的卸压范围逐渐扩大。

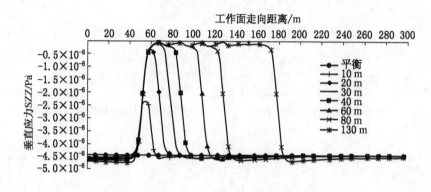

图 5-11　下分层 5 m 垂直应力 SZZ 随工作面推进变化图

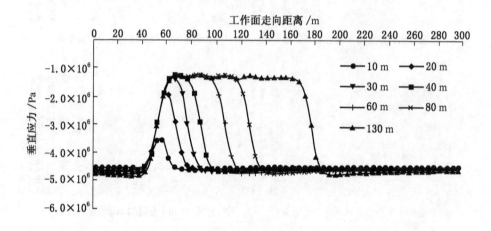

图 5-12　下分层 10 m 垂直应力 SZZ 随工作面推进变化图

上分层推进 80 m 位置下部煤体中部不同深度水平观测线上的垂直应力变化规律如图 5-13 所示。图中显示了开采层工作面下方 5 m、10 m、15 m、20 m、25 m 处水平观测线的垂直应力大小。在工作面下部 5 m 处，采空区下部区域垂直应力几乎降为 0 MPa，在采空区的后部区域随着顶板矸石以及顶部煤体的冒落压实，出现应力恢复现象。随着与上分层距离的增加，采空区下部区域卸压程度逐渐减弱，应力逐渐增加。

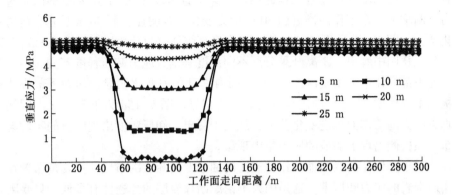

图5-13　开采80 m下分层不同深度的垂直应力分布

为了分析上部开采对下部煤体的卸压范围的影响，将开采范围以下煤体中部、靠近顶、底板侧垂直应力进行分析。工作面推进80 m下部不同侧煤体沿着煤层倾向范围垂直应力变化图如图5-14所示。根据图5-14看出，受到上分层煤层采动影响，其下部煤体在一定范围内产生卸压，卸压深度范围靠近煤层底板侧>工作面中部煤体>靠近煤层顶板侧煤体，其中，靠近煤层顶板侧垂直深度约为5 m、而煤层中部约为20 m、靠近煤层底板在35 m的范围，下部煤体靠近顶板侧垂直应力基本没有变化。在实际生产过程中，依据此应力变化规律可以先进行下一分段的开拓，将靠近煤层顶板侧的巷道施工完毕作为瓦斯治理巷道。图5-14为y=60 m截面开采分层下部不同侧不同深度煤体垂直应力随工作面推进演化规律。图5-15a为顶板侧煤体垂直应力动态变化图，可以

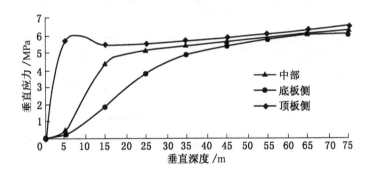

图5-14　开采80 m下部不同位置煤体垂直应力随深度变化

看出，不同深度煤体随着工作面推进，其垂直深度在 25 m 左右范围内垂直应力不断增大，在工作面推进前 50 m 应力变化比较明显，而 50 m 后垂直应力变化不大。图 5-15b、图 5-15c 为中部和底部煤体垂直应力随着工作面推进动态变化，从图中看出，距离开采分层不同深度其垂直应力卸压程度不同，在开采分层下部煤体中部垂直深度 15 m 范围内垂直压力变化明显，而在下部煤体底板侧垂直深度 25 m 范围内垂直压力变化明显。图 5-15d 为下部 5 m 不同侧的垂直应力随工作面推进变化关系，从图中看出，卸压程度出现明显的不均匀分布，顶板侧出现了明显的应力集中现象。

对于卸压瓦斯拦截抽采钻孔或瓦斯抽采专用巷道的布置，主要是布置在工作面围岩的应力卸压带。这是因为不论原始煤岩层的渗透性有多低，只要围岩

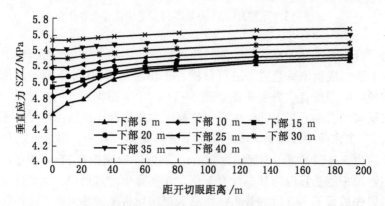

(a) 下部煤体顶板侧垂直应力动态分布图

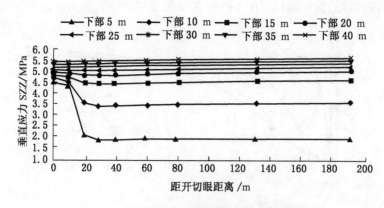

(b) 下部煤体中部垂直应力动态分布图

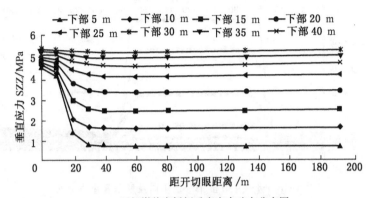

(c) 下部煤体底板侧垂直应力动态分布图

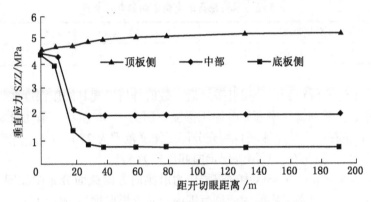

(d) 下部15 m不同侧煤体垂直应力动态分布图

图5-15 工作面下部不同深度不同侧点垂直应力随工作面动态变化图（$y=60$ m）

承受的压力降低，就会发生膨胀变形，其渗透性就会增加；但并非煤岩层压力降低就会使渗透性大大增加，而是降低到某一值以下，才会出现明显的"卸压增流"效应，此时，即认为煤岩体已达到充分卸压。在此，借鉴保护层对卸压区的定义，蒋金泉等研究认为保护层开采后，被保护煤层垂直应力减小的区域，即可以看作是被保护煤层的卸压区域，被保护煤层垂直应力变化量 $\Delta\sigma_z < 0.2\sigma_z$ 的区域，理论上认为该区域为有效卸压区（具体开采上分层之后对下分层保护效果需要根据具体情况考察确定）。根据上述卸压区范围的定义以及沿煤层倾向不同深度煤体垂直应力分布（图5-16）可以得到卸压数据，见表5-2。

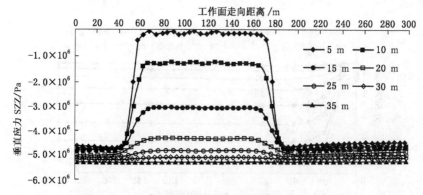

图 5-16 开采 130 m 下分层不同深度垂直应力分布

表 5-2 不同距离沿走向方向的卸压长度

m

下分层距离	5	10	15	20
下分层沿开采方向的卸压长度	125	119	115	0

根据上述分析得到，分层开采之后，数值分析发现其卸压深度在煤体顶板侧 5 m 左右；下部煤体中部充分卸压深度范围为 15 m 左右，采动影响卸压范围为 20 m 左右；下部煤体底板侧充分卸压深度范围为 25 m 左右，采动影响卸压范围约为 35 m 左右，且沿煤层走向卸压角为 57°。

煤层开采 130 m 采空区中部煤岩应力沿倾向方向截面分布图如图 5-17 所示，根据图看出，在工作面的两侧范围内，靠近煤层顶板侧应力集中，其应力峰值在距离工作面 10 m 左右的范围，其采动应力增加区为 60 m 左右，在靠近

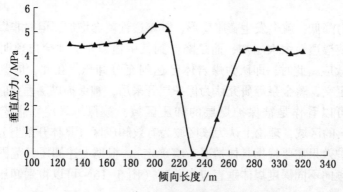

图 5-17 沿着开采分段倾向垂直应力分布

煤层底部的煤层底板产生明显卸压作用，其卸压范围为 30 m 左右，超过 30 m 范围底板的垂直应力基本保持原岩应力状态。

图 5-18 和图 5-19 为下部煤体中部水平应力 SXX 和 SYY 随着工作面推进距离的变化曲线图。水平应力整体上呈现与垂直应力相同的变化规律，但水平应力的变化幅度相对垂直应力较小。随着开采的进行，应力逐渐增大，初期在回采工作面沿走向的两侧应力基本呈现对称的"V"字形分布，随着回采逐渐增大，应力呈现不对称分布，在采空区后部应力恢复形成应力恢复区。图 5-20 和图 5-21 为下部煤体中部剪切应力 SXY 和 SXZ 随着工作面推进距离的变化曲线图。从图中看出，应力峰值位于工作面附近区域，随着工作面推进，下部煤体应力增加，但增加幅度并不大，在距离峰值一段距离剪切应力迅速降低至 0 MPa。

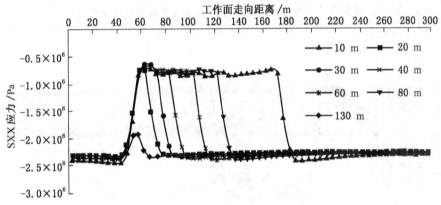

图 5-18 下分层 5 m 煤层 SXX 随着工作面推进的变化图

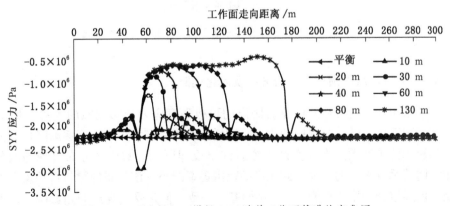

图 5-19 下分层 5 m 煤层 SYY 随着工作面推进的变化图

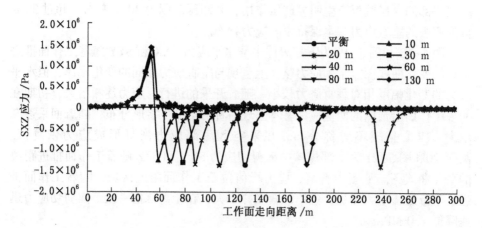

图 5-20 下分层 5 m 煤层 SXY 随着工作面推进的变化图

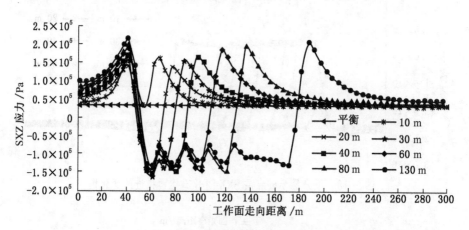

图 5-21 下分层 5 m 煤层 SXZ 随着工作面推进的变化图

5.3.3 开采后煤层顶底板应力分布及演化规律

开采 100 m 与煤层不同垂直距离的顶板垂直应力分布图如图 5-22 所示。根据云图看出，随着与煤层的垂直距离增大，煤层应力集中程度逐渐降低，但采动影响范围增大。在采空区上覆岩体出现卸压区，卸压区分布呈现椭圆分布，随着垂直距离的增大，卸压区的范围逐渐减小，该分布规律与水平煤层以及倾斜煤层开采形成覆岩"O"字圈基本一致。但是受到煤层倾角影响，该椭圆并非完成对称，在靠近开采范围下端应力集中明显，特别是在垂直距离为

2 m 和 6 m 时顶板垂直应力集中表现明显，直至垂直距离 14 m 和 20 m 时，煤层顶板在下端出现的应力集中程度减弱，图 5-23 更加能够说明该现象。

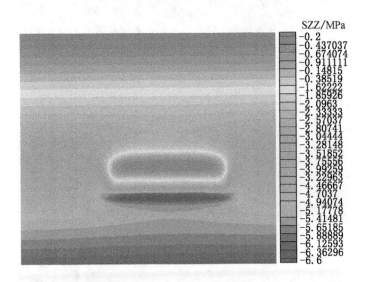

(a) 距离煤层顶板垂距 2 m 垂直应力分布

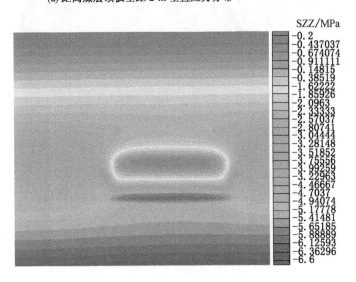

(b) 距离煤层顶板垂距 6 m 垂直应力分布

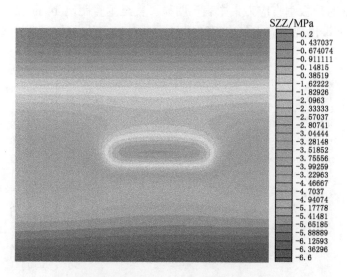

(c) 距离煤层顶板垂距 14 m 垂直应力分布

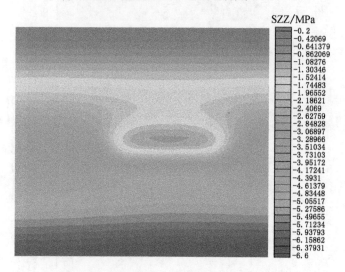

(d) 距离煤层顶板垂距 20 m 垂直应力分布

图 5-22　距离煤层顶板不同距离垂直应力分布图

　　不同开采长度下煤层直接顶垂直应力动态变化图如图 5-24 所示。距离不同高度上垂直应力基本具有一致的变化规律，因此，仅对煤层直接顶垂直应力随工作面推进距离的变化做分析。根据图 5-24 看出，煤层开采之后在工作面

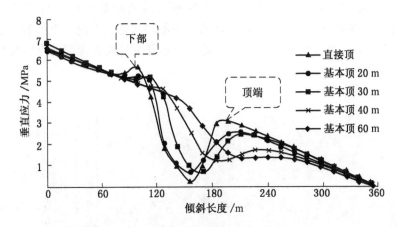

图 5-23 煤层顶板沿倾斜方向垂直应力分布

两侧应力集中较明显，开始回采阶段在工作面两侧垂直应力基本呈现对称的"V"字形分布。随着工作面的推进，垂直应力集中程度增加，而采空区上方煤岩体产生卸压区；随着工作面推进，卸压区应力逐渐恢复。工作面前方支承压力随着工作面推进逐渐增大，工作面推进 40 m 和 60 m 后垂直应力增加不明显，因此，认为工作面初次来压为工作面推进 50 m 左右，这与现场监测的初次来压为工作面推进 46 m 较为接近。

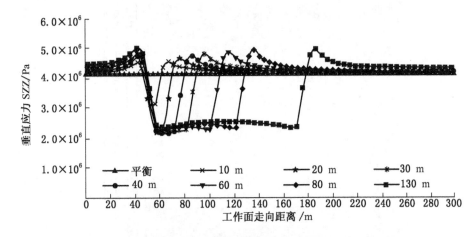

图 5-24 煤层直接顶板垂直应力 SZZ 分布

开采 100 m 时与开采煤层不同垂直距离底板岩层垂直应力分布云图如

图5-25所示。在煤层靠近回采分段上端垂直应力明显集中，直至垂直距离15 m时，垂直应力的集中程度明显降低。在不同深度上出现一个类似于煤层直接顶的卸压区，但是该卸压区并非对称。靠近开采分层的顶端的煤层底板处出现应力集中。

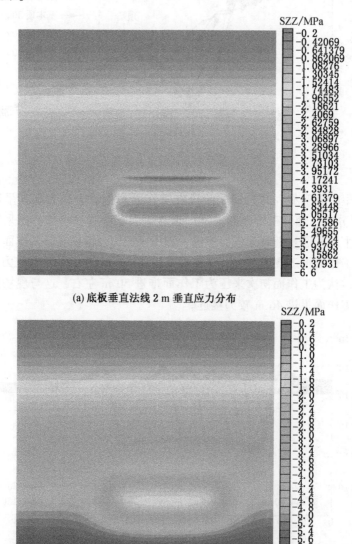

(a) 底板垂直法线 2 m 垂直应力分布

(b) 底板垂直法线 10 m 垂直应力分布

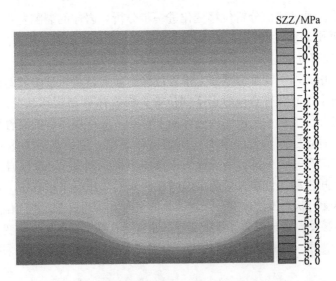

(c) 底板垂直法线 15 m 垂直应力分布

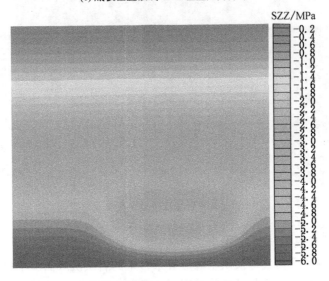

(d) 底板垂直法线 20 m 垂直应力分布

图 5-25　距离煤层底板不同距离垂直应力分布图

5.3.4　采动围岩裂隙发育和分布规律

煤岩体的位移变化和破坏规律一定程度上直接反映了煤体中裂隙发育分布

规律，因此，通过数值分析位移变化进一步分析煤岩体的裂隙发育情况。

1. 采动围岩移动规律

1）围岩移动轨迹

开采 130 m 采空区中部截面上垂直位移运动矢量及轨迹图如图 5-26 所示。通过位移矢量图能够直观地看出不同位置处煤岩体移动运移状况。从图 5-26 看出，开采分层下部一定范围内煤体向上移动，上部煤体有的沿着垂直向下移动也有的沿着煤层倾斜方向移动（所谓滑移现象，原因是因为垂直应力在沿煤层倾斜方向有一个分量，造成煤岩沿倾斜方向的滑移），顶板岩体和底板岩体向采掘空间移动。位移矢量图可说明在回采工作面开采过程中，由于采空区下伏煤岩体受力状态发生改变，煤岩体整体呈向上移动状态。不同位置煤岩体存在的不同步移动，造成煤岩体膨胀变形，原有的孔隙、裂隙发生改变，形成新的采动孔隙、裂隙，从而使透气性增大，为下部煤体卸压瓦斯拦截抽采提供可能。

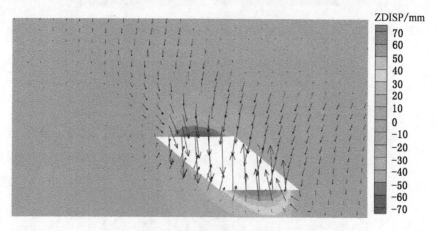

图 5-26　围岩垂直位移运动矢量及轨迹图

2）下分层煤体移动规律

纵向位移情况真实地反映了煤层开采带来的岩层沉降而产生离层裂隙发育状况，因此，旨在分析位移变化情况以此反映出裂隙发育情况。工作面推进到 20 m、40 m、80 m 及 130 m 时沿走向和沿倾向剖面的垂直位移分布图如图 5-27 所示。从图 5-27 看出，在煤层开始回采时围岩垂直位移较小，围岩离层范围及离层量也较小，随着工作面的推进，开采所带来的扰动范围逐渐增大，离层范围及离层量均逐渐增大，覆岩下沉量沿走向在采空区中部达到最大值，下分层煤体也将出现离层裂隙。

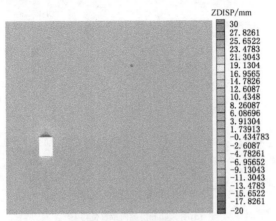

(a) 开采20 m沿走向垂直位移

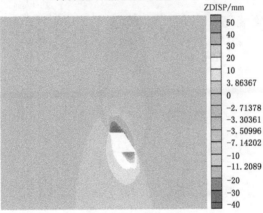

(b) 开采20 m沿倾向垂直位移

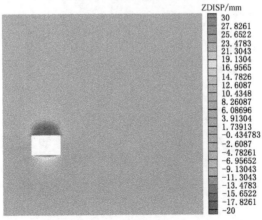

(c) 开挖40 m沿走向垂直位移

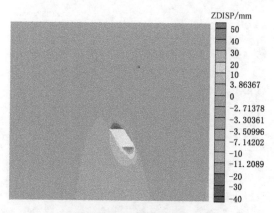

(d) 开采40 m沿倾向垂直位移

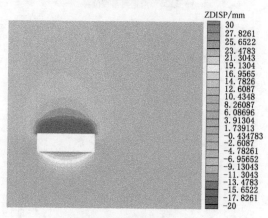

(e) 开挖80 m沿走向垂直位移

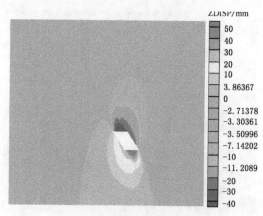

(f) 开采80 m沿倾向垂直位移

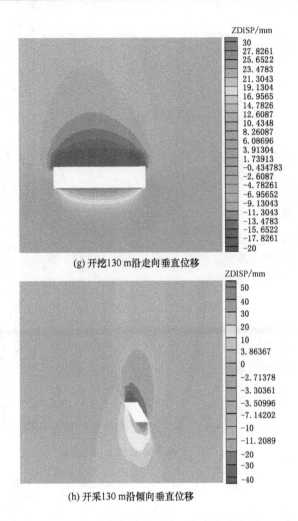

(g) 开挖130 m沿走向垂直位移

(h) 开采130 m沿倾向垂直位移

图 5-27　垂直位移随开采距离走向分布图

　　在距离开采分层不同距离的下部煤岩体垂直位移云图如图 5-28 所示。垂直位移很大程度上决定了离层裂隙，随着与开采分层距离增大，垂直位移逐渐减小，甚至由正值转变为负值。当垂直位移为负值时，说明此深度煤岩体没有受到采动影响或者煤体依旧受到压应力作用而不是拉应力作用。

　　距离开采分层同一距离下部煤岩体在不同开采距离下垂直位移云图如图 5-29所示。通过图 5-29 可说明，随着采场空间增大，下部一定范围内煤体采动裂隙区域增加。总体来看，沿着煤层倾向方向上其形成的裂隙区并不沿着

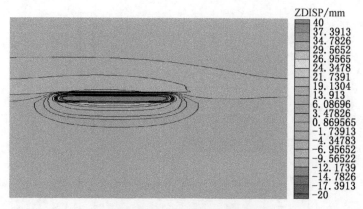

(a) 开挖 130 m 下分层 5 m 垂直位移

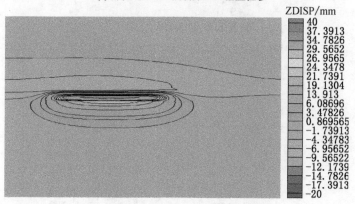

(b) 开挖 130 m 下分层 10 m 垂直位移

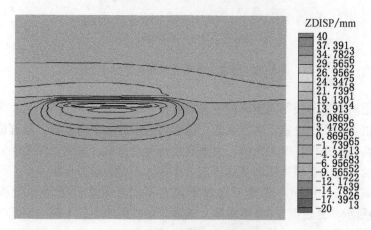

(c) 开挖 130 m 下分层 15 m 垂直位移

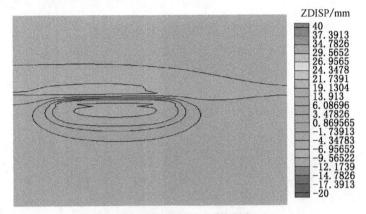

(d) 开挖130 m下分层20 m垂直位移

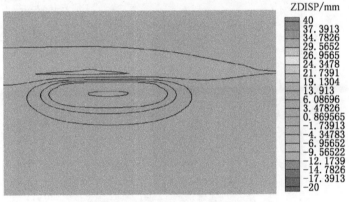

(e) 开挖130 m下分层25 m垂直位移

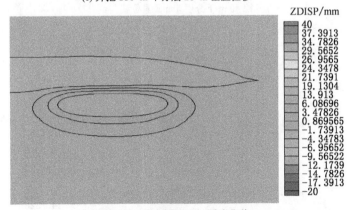

(f) 开挖130 m下分层40 m垂直位移

图5-28　开采130 m下分层不同深度垂直位移云图

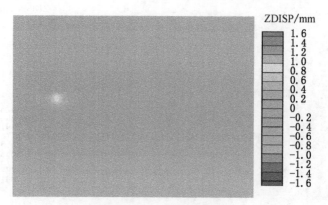

(a) 开挖 10 m 下分层 5 m 垂直位移

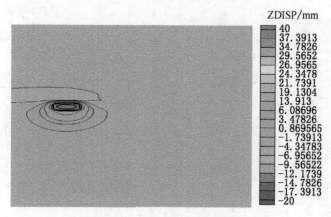

(b) 开挖 40 m 下分层 5 m 垂直位移

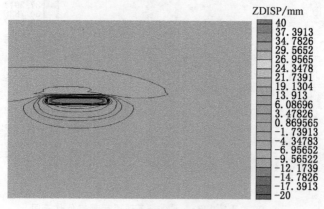

(c) 开挖 80 m 下分层 5 m 垂直位移

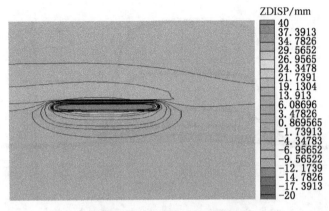

(d) 开挖 130 m 下分层 5 m 垂直位移

图 5-29　不同开采距离下分层 5 m 煤岩体垂直位移云图

　　煤层走向对称，表现为靠近煤层底板侧采动裂隙发育，而靠近煤层顶板侧采动离层裂隙并不发育，甚至有煤体被压密现象出现。沿着煤层走向方向上，采场下伏煤岩体裂隙基本以采空区中部为对称线，裂隙发育基本是对称的。

　　根据数值模拟结果，提取出各单元 Z 方向位移变化值，可以得到开采 80 m、130 m、190 m 距离沿倾斜方向上不同垂深下分层煤体垂直位移变化曲线，如图 5-30 至图 5-32 所示。工作面推进到 80 m 时沿倾斜方向不同深度水平观测线上的垂直移动曲线如图 5-31 所示。由图 5-31 明显地看出，采空区下部煤体观测线所处的深度位置与移动量呈反比，观测线与开采分层的距离越

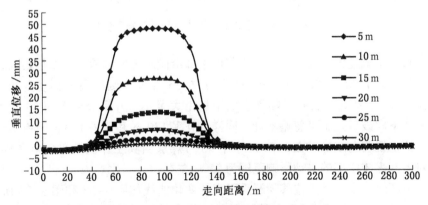

图 5-30　开采 80 m 沿煤体倾斜深度垂直位移

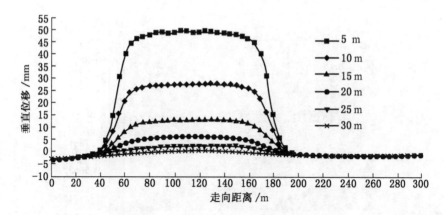

图 5-31　开采 130 m 沿煤体倾斜深度垂直位移

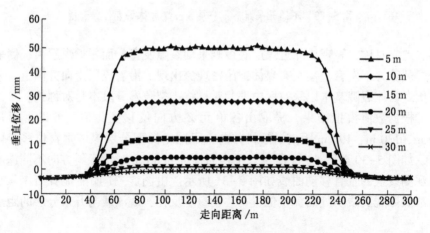

图 5-32　开采 190 m 沿煤体倾斜深度垂直位移

近，移动量就越大，反之越小。工作面中部沿倾斜方向垂深 5 m 煤层最大移动量（底鼓量）为 48.26 mm，开采分层下方 25 m 处观测线最大移动量减小为 2.98 mm，下部煤层底鼓量随深度的增加由大至小，开采分层下部 30 m 水平观测线下底鼓量几乎可忽略不计。同样，开采 130 m 和开采 190 m 具有类似规律，这也说明乌东煤矿在+575 m 水平 45 号煤层西翼工作面开采影响条件下，其对下部煤体中部的采动影响范围为 25 m 左右。

下部煤体中部垂直位移随开采距离的变化曲线如图 5-33 和图 5-34 所示。由图 5-33 和图 5-34 看出，采用全部垮落法采煤时，随着工作面向前推进，采空区不断扩大，下伏煤体变形在走向方向上采空区中部达到最大值，且是为正值，沿倾斜方向上垂深为 15 m 以上测点位移变形梯度较大。下伏垂深 5 m 煤体中部处测线垂直位移随着开采长度的变化规律如图 5-33 所示。工作面推进到 20 m 时，采空区下部测线的移动呈现倒 "V" 字形，左右对称，最大向上的位移量为 33.43 mm。随着工作面的进一步推进，采空区越来越大，下部的观测线移动也增加，位移移动量由左右对称逐渐转为非对称，向工作面侧偏斜，且煤柱边沿下部也逐渐出现了移动。随着工作面的推进，位移量由小变大，当工作面开采至 130 m 时，最大上移位移为 49.58 mm，最大向下移动位移为 3.52 mm。如图 5-34 所示。在开采初期，下部煤体受到上部煤体开采卸

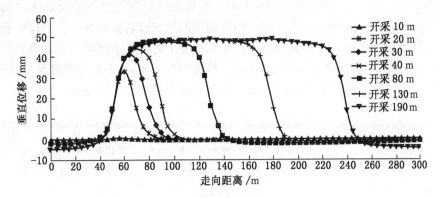

图 5-33　不同开采距离下分层 5 m 煤体垂直位移

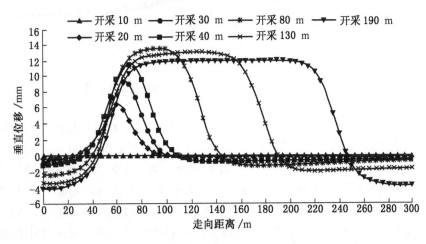

图 5-34　不同开采距离下分层 15 m 煤体垂直位移

压影响，在采前边界以外区域位移为负值，即说明此煤体受到了压应力；而在采场边界靠内部区域位移逐渐从负值变为正值，这是因为其煤体受到的应力由压转为拉导致的。在开采达到一定范围（约为 40 m）之前，其向上的位移是逐渐增大的，而超过这个范围之后，随着煤层开采的进行，其垂直位移又开始降低，但是并不能恢复到开采之前的水平。这很好地说明了，在工作面对应下部煤体前方一定范围内形成了应力集中区，在工作面后方形成了应力恢复区，而两个区域之间则是所谓的卸压区，应力变化"横三区"随工作面推进而向前移动。

开采 130 m 采空区中部对应下部不同深度煤岩沿倾向方向垂直位移变化曲线如图 5-35 所示。根据图 5-35 看出，在靠近煤层顶板侧下分层煤体位移值为负值，这是因为应力集中导致，随着深度的增加煤岩移量减小，但是受到自身煤层结构的影响，在倾向方向上向下位移并不对称，下部深度 5 m 煤岩体最大向上移动量为 48.7 mm，而最大向下移量为 6.7 mm，下分层深度为 15 m 时煤岩体最大向上移动量为 24.4 mm，而最大向下移量为 5.39 mm。

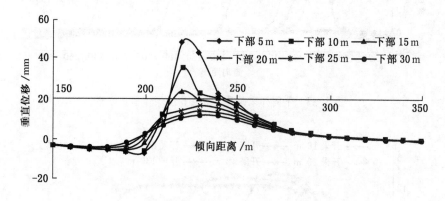

图 5-35　开采 130 m 采空区中部下分层沿倾向垂直位移变化

开切眼前方 10 m（$y=60$ m）不同深度不同位置点垂直位移随工作面推进变化曲线如图 5-36 所示。从图 5-36 中看出，当工作面推进 10 m 之后，下部煤体开始发生膨胀变形，其不同深度不同水平位置点变形速率不同，变形速率的不同将直接导致离层裂隙发育不同；工作面推进距离直接影响位移变化趋势，但位移变化量受与开采分层距离影响；当工作面推进 10 m 时，不同点以不同速率产生变形，在顶板侧 15 m 以下深度点变形较一致，而煤体中部及底板侧点变形在 20 m 以下深度变形相对均匀，顶板侧煤体位移变化为负值，而底板侧和中部位移为正值；中部煤体和底板侧不同深度煤体在工作面推进40 m和60 m之后就基本处于稳定状态；随工作面推进（达到150 m左右），垂直位移有变小趋势，这是因为采空区充填使下部受采动影响煤体应力状态发生改变，形成应力恢复区。整体上看，在工作面下伏垂深为10~15 m范围内煤体垂直位移梯度大，说明该区域离层裂隙发育，在该范围内布置钻孔抽采卸压瓦斯方能取得较好抽采效果。

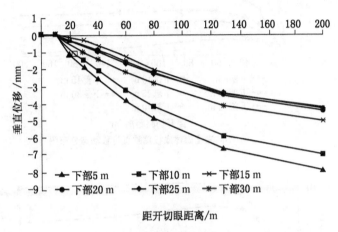

(a) 不同深度下部煤体顶板侧垂直位移动态分布图

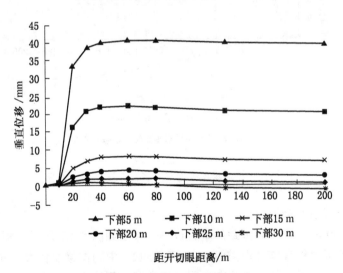

(b) 不同深度下部煤体中部垂直位移动态分布图

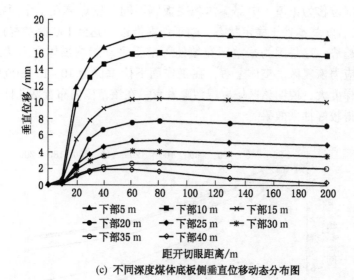

(c) 不同深度煤体底板侧垂直位移动态分布图

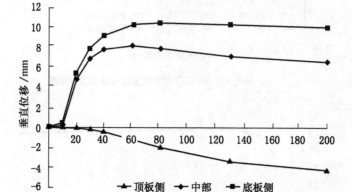

(d) 垂深5 m不同点垂直位移动态分布图

图5-36 不同深度不同位置垂直位移动态变化图

3) 煤层顶板移动规律

开采100 m顶板不同垂距的垂直位移分布图如图5-37所示。根据图5-37可看出，顶板位移整体呈现类似一个椭球形状，中间位移变化大，向两边垂直位移逐渐减小；垂直位移之间存在明显的梯度，可认为该处出现离层裂隙，而位移差越大证明离层裂隙越大。随着距离增大，顶板形成裂隙区范围在增大，裂隙发育程度在减小。

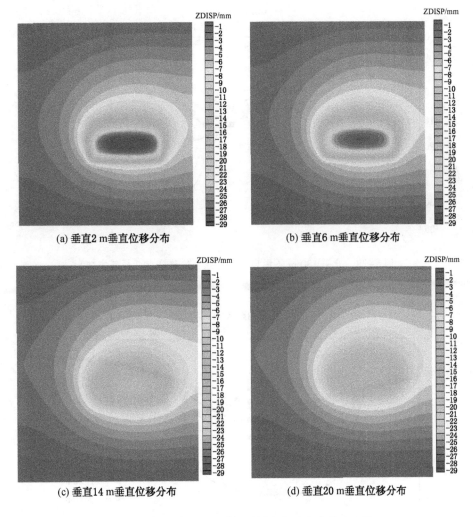

(a) 垂直2 m垂直位移分布　　　　　　　(b) 垂直6 m垂直位移分布

(c) 垂直14 m垂直位移分布　　　　　　　(d) 垂直20 m垂直位移分布

图5-37　开采100 m顶板不同距离垂直位移分布图

　　不同垂直高度顶板水平观测线沿煤层走向的垂直位移变化图如图5-38所示。根据图5-38可看出，随着距离的增加下沉位移逐渐减小，随着距离的增加其位移变化梯度减小。开采130 m采空区中部不同高度岩层沿倾斜垂直位移分布如图5-39所示。根据图5-39可看出，在开采层下部的岩层，随着与煤层垂直距离的增加，垂直位移随着逐渐减小，而处于开采层左上角的岩层垂直位移随着垂直距离的增加而增大。

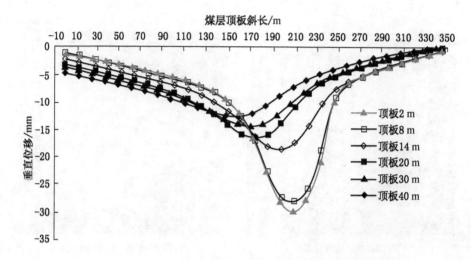

图 5-38　开采 130 m 不同顶板高度垂直位移分布（倾斜方向）

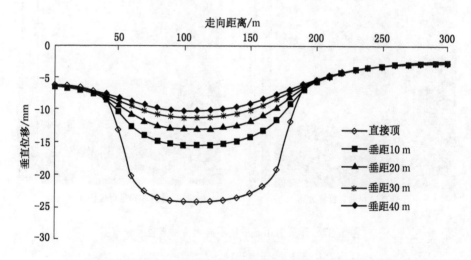

图 5-39　开采 130 m 不同高度直接顶垂直位移变化图（走向方向）

　　不同开采距离采空区中部同一高度直接顶沿走向垂直位移变化曲线如图 5-40 所示。随着煤层不断开采，采空区上部的直接顶位移逐渐增加，开始呈现对称的"V"字形，之后呈现倒立的"盆"形。

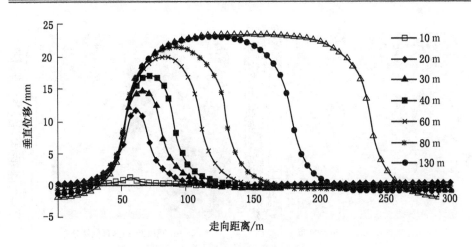

图 5-40　不同开采距离直接顶垂直位移分布

4）煤层底板移动规律

开采 100 m 不同垂深底板岩层的垂直位移分布图如图 5-41 所示。根据图看出，垂直位移的分布在采空区下部中间垂直位移较大，而周围位移较小，但距离小时位移变化并不对称。但是，随着距离开采煤层垂直距离的增加，其出现类似"O"字形的椭圆形状。

底板不同深度垂直位移在开采 130 m 时变化分布图如图 5-42 所示。根据该图看出，随着距离开采煤层的垂直距离增加，煤层底板的垂直位移减小，开采层直接底发生的最大位移为 23.7 mm，而距离开采煤层垂直距离为 20 m 的底板煤层位移的最大值为 15.4 mm。

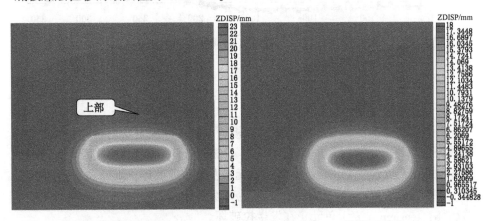

(a) 底板 2 m 垂直位移分布　　　　　　　　　(b) 底板 10 m 垂直位移分布

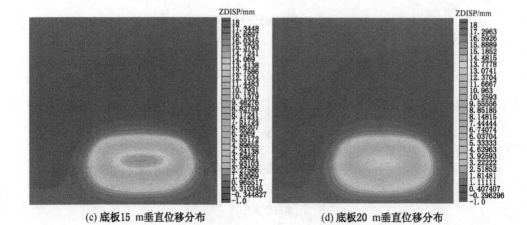

(c) 底板15 m垂直位移分布　　　　　　(d) 底板20 m垂直位移分布

图 5-41　开采 100 m 底板不同距离垂直位移分布图

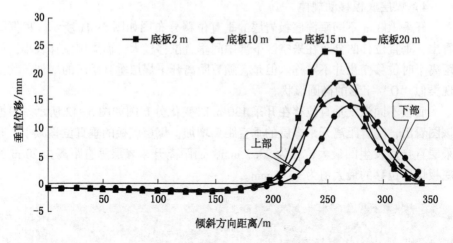

图 5-42　开采 130 m 不同底板深度沿倾斜方向垂直位移分布

2. 采动围岩破坏规律

一般情况下，判断工作面开采后顶板岩层破坏区域主要是通过对覆岩塑性区的分析而得出。不同推进距离时沿走向和采空区中部围岩塑性区发育情况如图 5-43 所示。图 5-43 中 None 表示单元未发生拉剪破坏，shear-p 表示单元曾发生剪切破坏，shear-n 表示单元正发生剪切破坏，tension-p 表示单元曾发生拉破坏，tension-n 表示单元正在发生拉破坏。

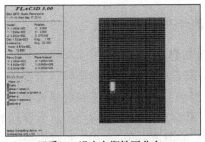
(a) 开采20 m沿走向塑性区分布

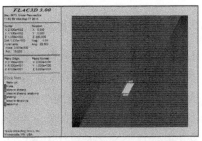
(b) 开采20 m采空区中部沿倾向塑性区分布

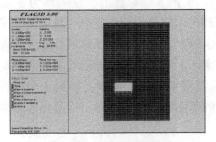
(c) 开采80 m沿走向塑性区分布

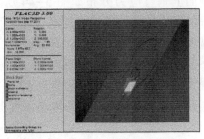
(d) 开采80 m采空区中部沿倾向塑性区分布

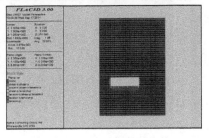
(e) 开采130 m沿走向塑性区分布

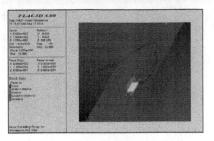
(f) 开采130 m采空区中部沿倾向塑性区分布

图 5-43 不同开采距离煤岩塑性区分布图

由图 5-43 可知，工作面顶板破坏首先是剪切破坏，顶板裂隙开始发育，进而发展为拉伸破坏，最终将发生断裂或垮落。根据塑性区分布情况，可以看出顶板的垮落并不对称，具体表现为上部拉塑性区大（代表垮落大）。在靠近回采分层底部煤层顶板处于剪切破坏甚至是弹性状态，即可以认为基本不冒落。塑性区分布规律对于布置高位钻孔抽采卸压瓦斯具有重要意义，直接决定了高位钻孔终孔布置。受上分层煤层开采影响，下分层煤体处于拉压应力区。随着煤层开采距离的增大，塑性区深度增大，而之后基本保持不变化；在塑性区内煤体裂隙发育，这会导致开采层下部卸压煤体瓦斯流入开采层的采空区。

5.3.5 不同分层厚度对下部煤体采动影响分析

1. 不同开采厚度对下分层垂直应力分布影响

为了研究不同分层开采厚度对开采层围岩应力及裂隙的影响，分别建立了开采厚度为 5 m 和 25 m 的两个模型，模型的几何尺寸及煤岩力学参数完全一致，均为模拟工作面开采长度为 130 m，沿煤层走向位置从 50 m 为开切巷以 5 m 为开挖步直至开采长度 180 m。不同开采厚度在开采 100 m 后沿采空区中部截面上垂直应力分布如图 5-44 所示。从图 5-44 看出，在采厚为 5 m 和 25 m 的围岩应力分布规律基本一致，下部煤体的应力分布完全一致，而开采厚度越大煤层顶板应力更大，其卸压程度也越大，这说明特厚煤层分层开采厚度对下部煤体的卸压范围影响较小，但采空区上部的煤岩体卸压范围随采厚增大有增大的趋势。图 5-45 至图 5-47 更加能够说明以上规律，根据 3 个图可得到，开采厚度越大其采动影响在深度上的范围有扩大的趋势，但是并不明显。

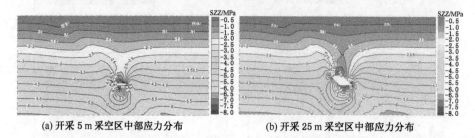

(a) 开采 5 m 采空区中部应力分布　　　　(b) 开采 25 m 采空区中部应力分布

图 5-44　不同开采厚度下采空区中部断面垂直应力分布

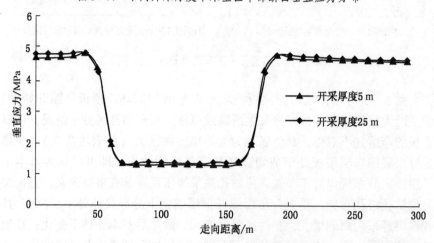

图 5-45　不同开采厚度下部 5 m 煤层垂直应力变化

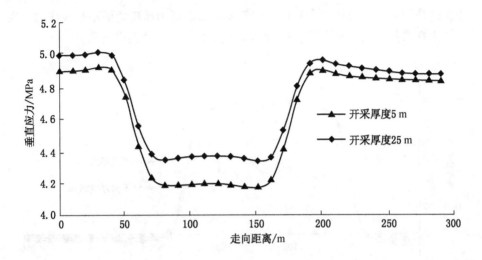

图 5-46 不同开采厚度下部 15 m 煤层垂直应力变化

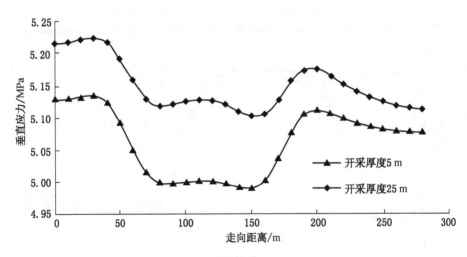

图 5-47 不同开采厚度下部 25 m 煤层垂直应力变化

2. 不同开采厚度对下分层垂直位移分布影响

不同深度下部煤体中部垂直位移分布曲线如图 5-48 至图 5-50 所示。根据图 5-48 至图 5-50，当采厚分别为 5 m 和 25 m 时，下分层同一深度沿倾斜方向的煤体在开采边界两端开采深度大其垂直位移就大，这与应力集中完全对应；而在采空区下部煤体开采厚度大的发生的垂直位移小，即可认为底鼓量更小，这是因为下部煤体产生卸压，但整体依旧表现为压应力而不是拉应力。在煤体弹性模量一定的情况下，煤岩体发生变形与应力呈正比关系。

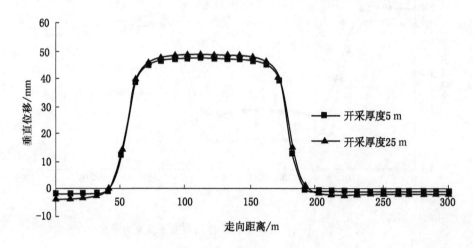

图 5-48　不同开采厚度下部 5 m 煤层垂直位移

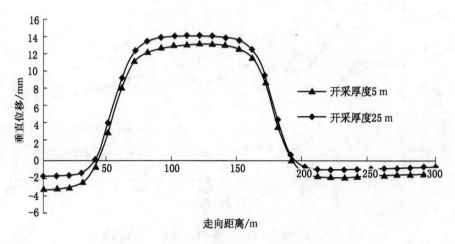

图 5-49　不同开采厚度下部 15 m 煤层垂直位移

5.3.6　不同开采深度下部煤体应力、裂隙分布

1. 不同埋深应力分布以及演化

为后期矿井深水平瓦斯治理提供理论支撑，有必要研究应力、裂隙随着煤

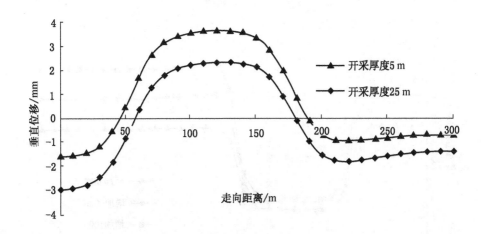

图 5-50　不同开采厚度下部 25 m 煤层垂直位移

层开采深度的变化。在数值模拟过程中为了模拟开采深度影响，采取在数值模型上部直接添加应力模拟埋深，其中，分别在上部施加 2.5 MPa、5.0 MPa 应力，模拟开采深度增加 50 m、100 m，其他边界条件以及煤岩力学参数与开采+575 m 水平的模型一致，且均模拟工作面开采长度为 130 m，沿煤层走向位置从 50 m 为开切巷以 5 m 为开挖步直至开采至 180 m。埋深增加 50 m 和 100 m 在开采长度为 100 m 时采空区中部断面煤岩应力分布如图 5-51 所示。整个断面上煤岩应力形状基本一致，但是随着煤层埋深的增加，其巷道顶板侧应力集中明显，但是可以看出来下部煤体的卸压范围，卸压深度基本一致。图 5-52 至图 5-54 更加能说明下部煤体卸压范围基本稳定规律。

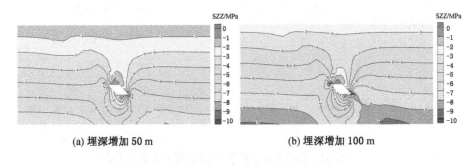

(a) 埋深增加 50 m　　　　　　　　　(b) 埋深增加 100 m

图 5-51　不同埋深采空区中部断面垂直应力分布

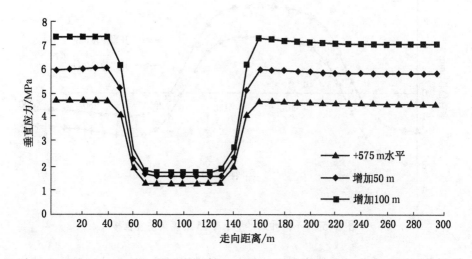

图 5-52　不同开采深度下部 5 m 煤层垂直应力

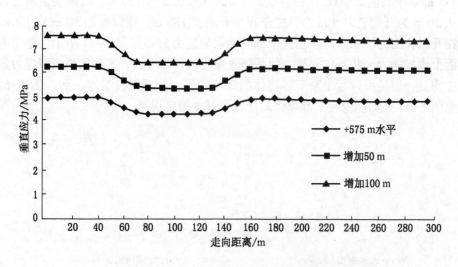

图 5-53　不同开采深度下部 15 m 煤层垂直应力

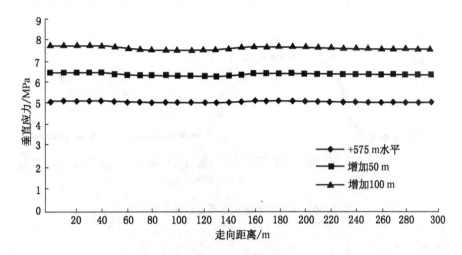

图 5-54 不同开采深度下部 25 m 煤层垂直应力

2. 不同埋深下采动裂隙分布规律

不同埋深条件煤层开采对煤岩裂隙分布规律分析如图 5-55 至图 5-58 所示。从图 5-55 至图 5-58 看出，在沿着煤层与顶板交界面，煤岩有向下滑移现象；同时，在工作面下端靠近煤层顶板一侧煤岩裂隙有闭合的现象；而在采空区上部的岩体受到下部开采影响，采动裂隙发育。在煤层底板靠近采空区上侧同样受到采动应力集中的影响，导致该区煤岩裂隙并不发育；在靠近底板下部煤岩区域垂直位移出现正值的情况，表明有拉应力出现，且位移之间的梯度变化较大，说明该区域裂隙发育。随着埋深的增加，与开采分层相同距离的煤岩体垂直位移绝对值增大，说明随着埋深增加，受到开采影响的采动影响深度有所增加。

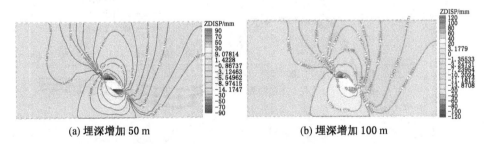

(a) 埋深增加 50 m   (b) 埋深增加 100 m

图 5-55 不同埋深采空区中部断面垂直位移分布

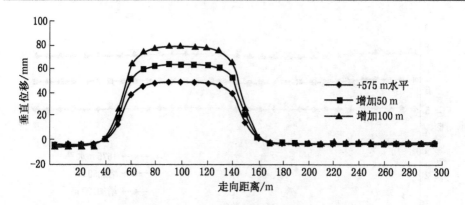

图 5-56　不同开采深度下部 5 m 煤层垂直位移

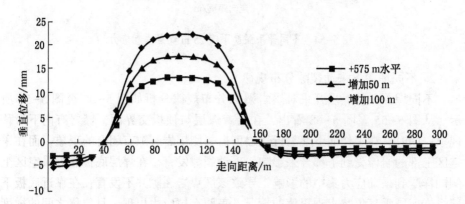

图 5-57　不同开采深度下部 15 m 煤层垂直位移

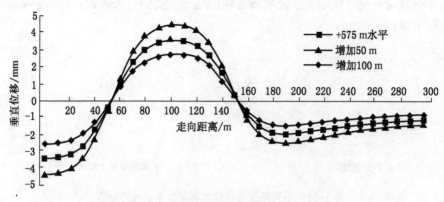

图 5-58　不同开采深度下部 25 m 煤层垂直位移

参 考 文 献

[1] 王刚，杨鑫祥，张孝强，等．基于 CT 三维重建的煤层气非达西渗流数值模拟 [J]．煤炭学报，2016，41（04）：931-940．

[2] 周革忠．回采工作面瓦斯涌出量预测的神经网络方法 [J]．中国安全科学学报，2004，14（10）：21-24+1．

[3] 范雯．金能煤矿瓦斯赋存规律研究 [J]．西安科技大学学报，2013，33（03）：265-270．

[4] 王猛，朱炎铭，王怀勐，等．开平煤田不同层次构造活动对瓦斯赋存的控制作用 [J]．煤炭学报，2012，37（05）：820-824．

[5] 王刚，程卫民，孙路路，等．煤层瓦斯压力及压力梯度影响因素的分析 [J]．煤矿安全，2013，44（02）：152-156．

[6] 王刚，程卫民，张清涛，等．石门揭煤突出模拟实验台的设计与应用 [J]．岩土力学，2013，34（04）：1202-1210．

[7] 王刚，程卫民，孙路路，等．煤与瓦斯突出的时间效应与管理体系研究 [J]．西安科技大学学报，2012，32（05）：576-580+597．

[8] 汪文瑞，刘兆霞，王刚，等．考虑分形维数的注水模型及注水时间研究 [J]．采矿与安全工程学报，2018，35（04）：817-825．

[9] 郝富昌，刘明举，魏建平，等．重力滑动构造对煤与瓦斯突出的控制作用 [J]．煤炭学报，2012，37（05）：825-829．

[10] 王刚，程卫民，郭恒，等．瓦斯压力变化过程中煤体渗透率特性的研究 [J]．采矿与安全工程学报，2012，29（05）：735-739+745．

[11] 杨茂林，薛友欣，姜耀东，等．离柳矿区综采工作面瓦斯涌出规律研究 [J]．煤炭学报，2009，34（10）：1349-1353．

[12] 王刚，程卫民，王宏伟，等．掘进工作面前方地应力与孔隙压力分布的数值模拟研究 [J]．山东科技大学学报（自然科学版），2012，31（05）：9-14+92．

[13] 王刚，程卫民，谢军，等．瓦斯含量在突出过程中的作用分析 [J]．煤炭学报，2011，36（03）：429-434．

6 急倾斜煤层分层开采工作面瓦斯涌出规律

6.1 瓦斯基本参数测定

瓦斯基本参数主要包括煤层瓦斯含量、瓦斯压力及工业分析、吸附常数、流量衰减系数和透气性等。参考目前国内煤矿井下瓦斯基本参数测定的主要方法，确定本项目瓦斯压力采用井下直接测定法，瓦斯含量采用直接与间接相结合的方法。

主要按以下步骤进行：

（1）根据《煤矿安全规程》、国家安全生产行业标准《煤矿井下煤层瓦斯压力的直接测定方法》（AQ/T 1047—2007）的规定，在煤矿井下选择合适的地点布置测压钻孔，现场测定煤层瓦斯压力。

（2）根据《煤层瓦斯含量井下直接测定方法》（GB/T 23250—2009）的规定，在煤矿井下选择合适的地点布置取芯钻孔，现场采取煤芯直接测定瓦斯含量，测定完毕后将煤样罐送至实验室进行瓦斯含量测定。

（3）现场取煤样，在实验室对煤样进行工业分析和吸附常数测定，测定瓦斯吸附常数，煤的真密度、视密度，孔隙率等指标。

6.1.1 煤层瓦斯压力测定

1. 煤层瓦斯压力测定方法

煤层瓦斯压力是指煤孔隙中所含游离瓦斯气体的压力，即气体作用于孔隙壁的压力。煤层瓦斯压力是决定煤层瓦斯含量的一个主要因素。当煤吸附瓦斯的能力相同时，煤层瓦斯压力越高，煤中所含的瓦斯量也就越大。煤层瓦斯压力测定方法可分为直接测压法和间接测压法。通常有条件情况下应采用直接测压法测定煤层瓦斯压力。

直接测定煤层瓦斯压力方法是先用钻机由岩层巷道或煤层巷道向预定测量煤层瓦斯压力的地点打一钻孔，然后在钻孔中放置测压装置，再将钻孔严密封闭堵塞并将压力表和测压装置相连来测出瓦斯压力。直接测压法的关键是钻孔封闭的质量。目前，根据封孔原理的不同，一般有主动式和被动式两种封孔方法。被动式封孔法是指用固体物质来充填测压装置与钻孔壁之间的空间，以阻止煤层瓦斯泄露，如黄泥封孔法、水泥砂浆封孔法、胶圈封孔法等。主动式封孔法是指在封闭段的两端固体物之间注入密封液，密封液的压力高于预计的瓦斯压力，并深入孔壁与固体物件的间隙和孔壁周围裂隙中，以阻止瓦斯泄漏，常见的有胶圈-压力黏液封孔法、胶圈泥油-压力黏液封孔法。目前，国内最常见的封孔方法为被动式水泥砂浆封孔法。

上向孔测压是在煤层瓦斯压力直接测定中最常见的一种测压技术。在测压过程中按照国家安全生产行业标准《煤矿井下煤层瓦斯压力直接测定方法》（AQ/T 1047—2007）的规定进行，采用注浆封孔，被动式测压法，上向孔测压如图6-1所示。具体做法是在煤巷或者煤层顶板岩巷中选择适宜地点布置测压钻孔，钻孔直径75 mm，钻孔长度25~70 m。钻孔施工完成后，按以下步骤进行封孔、测压工作。

（1）将测压管安装在钻孔中预定的封孔深度，在孔口用聚氨酯堵塞，并安装好注浆管以及闸阀。

（2）根据封孔深度确定水泥及膨胀剂的使用量，按一定比例配制好封孔水泥浆，用泥浆泵一次连续将封孔水泥浆注入钻孔内。

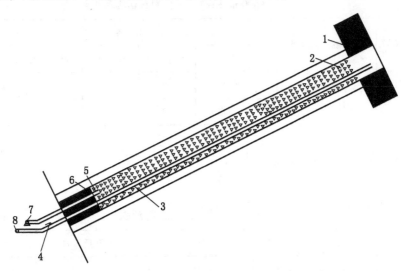

1—煤层；2—水泥；3—测压管；4—闸阀；5—注浆管；6—封孔剂；7—注浆泵；8—压力表

图6-1　注浆封孔测压示意图

（3）待水泥浆凝固后，安装压力表（通常是注浆之后 24 h 后）。

（4）观测、记录钻孔的压力值，直到观测值基本稳定。

2. 测压钻孔布置

1）测压地点选择

测压地点的选择应符合《煤矿井下煤层瓦斯压力的直接测定方法》中有关测压钻孔的要求。测压地点优先选择在石门或岩巷中，该处岩性致密，无断层、裂隙等地质构造。应尽可能设在进风系统中，行人少且便于安装防护栅栏，并具备通电、通水及运输的条件。在布置测压钻孔时，应避开含水层、溶洞、地质构造带、采动及其他人为卸压影响范围等。同一煤层同一地点设 2 个测压钻孔时，各钻孔见煤点间的距离应大于 20 m（除石门测压外）。钻孔应有足够的封孔深度，即穿层钻孔的见煤点与顺层钻孔的测压气室应在巷道卸压圈外。上向钻孔倾角不应小于 5°。

受乌东煤矿生产实际条件限制，仅在 +500 m 水平布置了 1 组 2 个测压孔测定煤层瓦斯压力。钻孔位于 +500 m 水平 45 号煤层东翼工作面 1 号煤门处，钻孔布置如图 6-2 所示。

2）测压钻孔参数

测压钻孔参数见表 6-1。

表 6-1　+500 m 水平 45 号东测压钻孔参数表

钻孔编号	钻孔施工位置	钻　孔　参　数				备注
		偏角/(°)	倾角/(°)	长度/m	封孔长度/m	
ZK1	+500 m 水平 45 号煤层东翼 1 号煤门	偏北 33	10	50	42	
ZK2		偏北 7	13	50	33	

3）煤层瓦斯压力测定结果

各测压钻孔测得的瓦斯压力见表 6-2。

表 6-2　瓦斯压力测定结果　　　　　　　　　　　　　　MPa

钻孔编号	地点	表压	绝对瓦斯压力	备注
ZK2	+500 m 水平 45 号煤层东翼 1 号煤门	0.35	0.45	无水
ZK1		0.33	0.43	无水

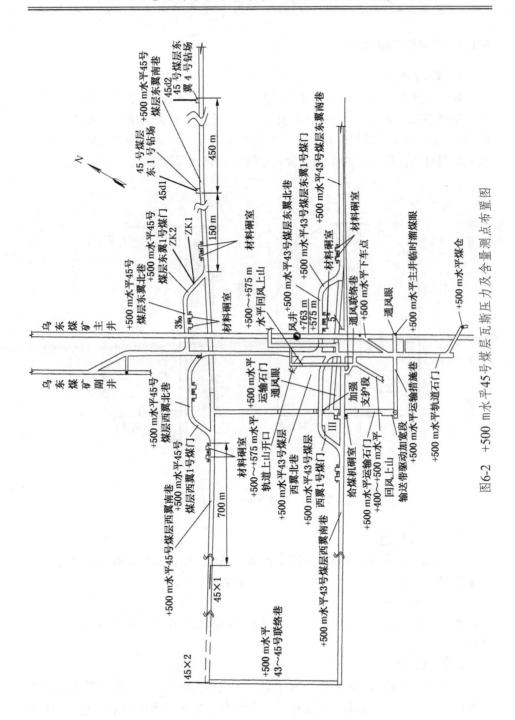

图6-2 +500 m水平45号煤层瓦斯压力及含量测点布置图

6.1.2 煤样的实验室测定

1. 煤样取样方法

煤样的实验室测定通常采用掏槽法，如图 6-3 所示，采集煤样送至实验室测定上述参数。掏槽位于巷道断面的中心线处，槽高为巷道高，宽 200 mm，深 100 mm，掏下的煤块的长、宽、高分别不大于 50 mm。掏槽完毕后，将煤块充分混合后，取其中的 3 kg（含大小煤块）作为所取煤样，密封包装。

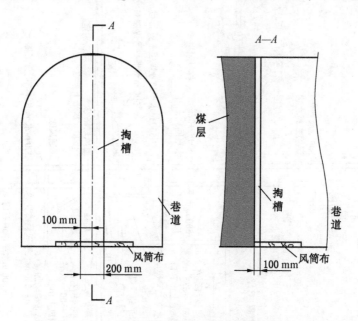

图 6-3 掏槽取样方法示意图

2. 煤样取样地点

在 +500 m 水平 45 号煤层西翼南巷掘进期间，在掘进工作面（此时掘进工作面距离 1 号煤门 470 m）采用掏槽法采集煤样 1 个。

3. 煤样测试内容

煤样实验室测定包括煤的工业分析、瓦斯吸附常数、孔隙率、真（视）密度。

4. 测试方法

煤层吸附常数测定采用中煤科工集团重庆研究院生产的 HCA 高压容量法瓦斯吸附装置。引用标准《煤的甲烷吸附量测定方法（高压容量法）》（MT/T

752—1997）。

煤层孔隙率采用真视相对密度测定计算法。引用标准《煤的工业分析方法》（GB/T 212—2008）、《煤的视相对密度测定方法》（GB/T 6949—2010）和《工业型煤视相对密度及孔隙率测定方法》（MT/T 918—2002）。

煤的工业分析引用标准《煤的工业分析方法》（GB/T 212—2008）。

5. 测试结果

煤样的实验室测试结果见表6-3。

表6-3　煤层瓦斯吸附常数及工业分析等参数测定结果

煤层	采样地点	工业分析/%			真密度 TRD/ (g·cm⁻³)	视密度 ARD/ (g·cm⁻³)	孔隙率 F/%	瓦斯吸附常数	
		M_{ad}	A_d	V_{daf}	$TRD/$ $(g·cm^{-3})$	$ARD/$ $(g·cm^{-3})$	$F/\%$	a	b
45 号	+500 m 水平 45 号煤层西翼南巷掘进工作面往里 470 m 处	3.26	5.59	31.52	1.40	1.31	6.43	25.7856	1.1050

注：吸附实验温度 $t_s = 30\ ℃$。

6.1.3　煤层瓦斯含量测定

煤层瓦斯含量是指每吨煤或每立方煤体中所含的瓦斯量。瓦斯在煤层中以游离和吸附两种状态存在。煤层瓦斯含量由游离瓦斯含量和吸附瓦斯含量两部分组成，一般吸附量占总量的80%～90%以上。煤层瓦斯含量测定通常有直接测定法和间接计算法。

1. 直接测定法

瓦斯含量直接测定需遵照国家标准《煤层瓦斯含量井下直接测定方法》（GB/T 23250—2009），通常采用 DGC 型直接测定装置测定瓦斯含量。

1）DGC 型瓦斯含量直接测定装置

DGC 型瓦斯含量直接测定装置是一套井下和实验室结合使用的直接测定煤层瓦斯含量的装置，装置可在 8 h 内完成煤层瓦斯含量测定。测定过程：向煤层施工钻孔取煤样，将煤样装入解吸装置测量瓦斯解吸速度及解吸量，在实验室将煤样装入密封粉碎系统粉碎后测量瓦斯解吸量，抽真空测定或计算煤的常压吸附量，建立模型推算取样阶段损失瓦斯量。所以测定的煤层瓦斯含量主要由取样阶段煤样损失瓦斯量 Q_1、粉碎前自然解吸瓦斯量 Q_2、粉碎后自然解吸瓦斯量 Q_3、常压不可解吸瓦斯量 Q_4 组成。

$$Q = Q_1 + Q_2 + Q_3 + Q_4 \qquad (6-1)$$

式中　Q_1——煤样损失瓦斯量，是取样过程中损失的瓦斯量；

　　　Q_2——粉碎前自然解吸瓦斯量，是指在常压状态下，煤样井下解吸瓦斯量与煤样运送到实验室在粉碎前所解吸的瓦斯量之和；

　　　Q_3——粉碎后自然解吸瓦斯量，指在常压状态下，煤样在粉碎机中粉碎到 95% 煤样粒度小于 0.25 mm 的过程中所解吸瓦斯量；

　　　Q_4——常压不可解吸瓦斯量，在常压状态下，粉碎解吸后仍残存在煤样中不可解吸的瓦斯量；

常压不可解吸瓦斯量可按传统地勘期间瓦斯含量测定方法中的真空泵组脱气、气体成分分析等工艺实测。但更简便的方法是按式（6-2）计算。

$$Q_4 = \frac{0.1ab}{1 + 0.1b} \times \frac{100 - A_d - M_{ad}}{100} \times \frac{1}{1 + 0.31M_{ad}} + \frac{F}{ARD} \qquad (6-2)$$

式中　a——吸附常数，m^3/t；

　　　b——吸附常数，MPa^{-1}；

　　　A_d——灰分，%；

　　　M_{ad}——水分，%；

　　　F——孔隙率，m^3/m^3；

　　ARD——视密度，t/m^3。

DGC 型瓦斯含量直接测定装置由井下取样装置、井下解吸装置、地面解吸装置、称重装置、煤样粉碎装置、水分测定装置、数据处理系统等几部分构成，如图 6-4 所示，数据处理系统如图 6-5 所示。

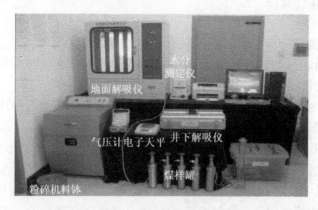

图 6-4　DGC 型瓦斯含量直接测定装置图

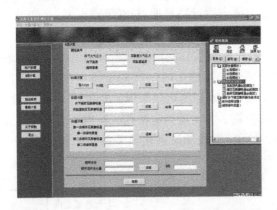

图 6-5　DGC 型瓦斯含量直接测定软件系统

井下取样装置有取芯装置和 ZCY- I 型钻孔引射取样装置两种。取芯装置适用于结构较完整、较硬煤层任意倾角钻孔取芯测定瓦斯含量，也适用于松软煤层 12°以上仰角钻孔取芯测定瓦斯含量，其取芯深度以不大于 50 m 为宜。ZCY- I 型钻孔引射取样装置适用于井下任意倾角钻孔取样测定瓦斯含量，其引射动力为压缩空气，所以测试地点要求有压缩空气。ZCY- I 型钻孔引射取样装置包括引射器、2 个钻头、60 mm 通径密封钻杆及附件，如图 6-6 所示。

图 6-6　ZCY- I 型钻孔引射取样装置图

2）取样要求

本次瓦斯含量测定采用取芯装置进行。取样芯管选用 73 mm 直径，钻进到设计深度，立刻拆卸钻杆，并换上取芯管进行取芯。如果取样后经井下解吸达不到要求，可在取样点附近选择地点重新取样。

3）含量测定钻孔布置

在+500 m水平45号煤层西翼南巷和东翼南巷掘进期间利用掘进工作面钻孔和钻场瓦斯抽采钻孔初次施工时，严格按照《煤层瓦斯含量井下直接测定方法》（GB/T 23250—2009）测定乌东煤矿北采区+500 m水平45号煤层瓦斯含量。其中，西翼布置2个含量测定钻孔，东翼布置2个含量钻孔，含量测定钻孔布置如图6-2所示，含量测试钻孔施工参数见表6-4。

表6-4　含量测定钻孔参数表

煤层编号	钻孔编号	地　　点	与巷道走向夹角/(°)	倾角/(°)	取样深度/m	备注
45号	45x1	+500 m水平45号煤层西翼南巷掘进面（1号煤门往里700 m处）	0	3	24	
45号	45x2	43~45号煤层联络巷	20	5	28	
	45d1	+500 m水平45号煤层东翼1号钻场	69	10	27	
	45d2	+500 m水平45号煤层东翼南4号钻场（1号煤门往里600 m处）	90	26	25	

4）含量测定结果

含量测定结果见表6-5。

表6-5　瓦斯含量测定结果表　　　　　　　　　m³/t

煤层编号	钻孔编号	地　　点	可解吸量	残存量	含量	备注
45号	45x1	+500 m水平45号煤层西翼南巷掘进面（1号煤门往里700 m处）	4.69	1.53	6.22	
	45x2	+500 m水平43~45号煤层联络巷	4.90	1.53	6.43	
	45d1	+500 m水平45号煤层东翼1号钻场	1.90	1.53	3.43	受抽采影响
	45d2	+500 m水平45号煤层东翼南4号钻场（1号煤门往里600 m处）	4.73	1.53	6.26	

2. 间接法计算瓦斯含量

1）间接法计算原理

采用间接法确定煤层瓦斯含量，其中吸附瓦斯量的多少，取决于煤对瓦斯的吸附能力和瓦斯压力、温度等条件，根据朗格缪尔方程确定；游离瓦斯由煤的孔隙率及煤层瓦斯压力决定。间接法计算公式为式（6-3）。

$$W = \frac{abP}{1 + bP} \cdot \frac{100 - A_{ad} - M_{ad}}{100} \cdot \frac{1}{1 + 0.31 M_{ad}} \cdot e^{n(t_s - t)} + \frac{10FP}{ARD} \quad (6-3)$$

式中　　W——瓦斯含量，m^3/t；

　　　　P——瓦斯压力，MPa；

　　　　t_s、t——吸附试验温度和井下煤层温度，℃。

中煤科工集团重庆研究院已经将式（6-3）集成在 DGC 型瓦斯含量直接测定软件中。该软件能够实现直接测定煤层瓦斯含量、煤层瓦斯含量与瓦斯压力的快速转换。

2）间接计算结果

根据式（6-2）以及北采区+500 m 水平煤的工业分析数据和吸附常数测定数据，计算得到煤层残存瓦斯含量为 1.53 m^3/t。根据在+500 m 水平 45 号煤层东翼 1 号煤门测定煤层瓦斯压力，结合式（6-3）计算得到煤层瓦斯含量见表 6-6。

表 6-6　瓦斯压力反算瓦斯含量

钻孔编号	地　点	表压/MPa	绝对瓦斯压力/MPa	瓦斯含量/($m^3 \cdot t^{-1}$)	备注
Zk2	+500 m 水平 45 号煤层东翼 1 号煤门	0.35	0.45	4.10	间接法
Zk1		0.33	0.43	3.97	间接法

根据上述瓦斯含量直接测定和间接计算结果，初步确定+500 m 水平 45 号煤层瓦斯含量为 6.43 m^3/t。

6.2　北采区 45 号煤层瓦斯赋存分析

6.2.1　北采区 45 号煤层瓦斯赋存分析思路

确定煤层瓦斯参数、煤层赋存及其相关关系是煤层瓦斯赋存规律研究的关键。对于煤层赋存可通过地质勘探、矿井开拓揭露等方式获取，而煤层瓦斯赋存通常要是在上述情况下采取措施测定煤层瓦斯基本参数获得。获得煤层瓦斯参数可通过在地面勘探钻井对煤层瓦斯参数测定，矿井开拓、开采过程中在井下的测定。一般来讲，由于测试方法本身因素，原地质勘探测定的煤层瓦斯参数，如瓦斯含量均较实际的偏低，而井下实测的瓦斯含量等煤层瓦斯参数则相对要准确。尽管地勘测试结果常偏小，但它可反映整个矿井瓦斯赋存趋势，开拓区域井下实测及地面井测定结果相对准确，反映的是测试范围局部的情况。因此，采用以地勘测定结果为基础、以井下实测及地面井实测结果为补充研究45 号煤层瓦斯赋存情况。

6.2.2 北采区 45 号煤层瓦斯赋存的主控因素

瓦斯是成煤及地质运动等综合作用的产物，其赋存受地质构造、煤层埋深、顶底板岩性、水文条件等多种因素影响。通过乌东煤矿 45 号煤层瓦斯生成、富集和运移条件的分析，发现其瓦斯赋存总体规律。

（1）断层构造对北采区 45 号煤层瓦斯赋存分布影响小。乌东煤矿北采区基本构造形态呈一向南倾斜的单斜构造。通过对地勘资料研究发现，沿八道湾向斜轴一线发育一组北西向具右旋扭动的平推断层及与之配套的北东向走向逆断层（编号为 F_{3-1}、F_{3-2}、F_{3-3}、F_{3-4}、F_{3-5}、F_{3-6}、F_{3-8}）。对乌东煤矿北采区有直接影响的断层有 3 条（F_{3-4}、F_{3-5}、F_{3-6}），但是 F_{3-4} 在 41 号煤层消失，F_{3-5} 煤层在 18 号煤层消失，F_{3-6} 煤层在 22 号煤层消失。各煤层距离北区开采 45 号煤层距离大，在北采区开采过程中发现的均为小断层，因此，已知的断裂构造对煤层的破坏和影响很小，因而对 45 号煤层瓦斯分布的影响也较小。

（2）地质构造运动对北采区 45 号煤层瓦斯分布影响小。对整个乌东煤矿而言，矿井经历燕山运动和喜马拉雅运动之后，导致地层呈现倾斜抬升，形成不同倾斜地层。综合地勘瓦斯含量测定结果及南采区、西采区以及北采区开采过程中瓦斯测定结果及瓦斯涌出情况发现，煤层倾角越大，瓦斯含量越小。构造运动对整个矿井瓦斯分布影响较大，而针对北采区而言，煤层倾角基本稳定，因此，构造运动并非是北采区瓦斯分布的主要影响因素。

（3）煤层瓦斯赋存与煤层埋藏深度关系密切。一般出露于地表的煤层，瓦斯容易逸散，并且空气也向煤层渗透，导致煤层中的瓦斯含量小，甲烷浓度低。随着煤层埋藏深度的增加，地应力增高，围岩的透气性降低，瓦斯向地表运移的距离也相应增大，从而瓦斯含量有增大的趋势。

（4）水文条件对瓦斯分布的影响。乌东煤矿北采区为一简单的单斜构造，从地勘和开拓开采来看局部有断层存在，但尚未发现有导水或富水性强的断层。煤系地层多属泥质类岩石，存在的构造对矿床充水不足以构成危害。因此，水文条件对煤层瓦斯分布影响较小。

6.2.3　北采区 45 号煤层瓦斯含量预测

根据以上分析，乌东煤矿北采区 45 号煤层瓦斯赋存分布与煤层埋深关系密切。因此，研究北采区煤层瓦斯含量和煤层埋深的关系，建立煤层瓦斯含量预测模型。

地勘时期进行了瓦斯含量测定，北采区地勘时期瓦斯含量测定成果见表6-7。乌东煤矿与中煤科工集团重庆研究院合作开展项目前，+575 m 水平 45 号煤层西翼工作面已经形成，该回采工作面区域已进行了煤层瓦斯预抽工作，但尚未进行瓦斯基本参数测定工作。在开采+620 m 水平 45 号煤层时，由中煤科工集团沈阳研究院进行了瓦斯含量测定，瓦斯基本参数测定结果见表6-8。本项目将通过地勘据和实测数据分析得到瓦斯含量分布，为后期治理提供基础数据。

表6-7　地勘时期 45 号煤层瓦斯含量结果表

煤层编号	钻孔编号及测试地点	采样深度/m	采样标高/m	原煤瓦斯含量/($m^3 \cdot t^{-1}$)
45	14-03	352.83	380.34	2.02
45	14-03	355.48	377.69	2.77
45	14-03	356.88	376.29	3.20
45	14-03	359.3	373.87	2.13
45	14-03	361.38	371.79	1.88
45	19-04	474.55	315.49	4.22
45	19-04	478.75	311.29	4.83
45	19-04	485.56	304.48	2.66
45	19-04	491.81	298.23	0.33
45	19-04	496.01	294.03	1.00
45	19-04	503.02	287.02	7.41
45	23-03	585.64	286.71	7.98
45	23-03	589.64	282.71	10.16

表6-7（续）

煤层编号	钻孔编号及测试地点	采样深度/m	采样标高/m	原煤瓦斯含量/($m^3 \cdot t^{-1}$)
45	23-03	596.46	275.89	7.43
45	23-03	603.64	268.71	1.87
45	23-03	610.84	261.51	7.39
45	23-03	613.34	259.01	7.51

注：瓦斯含量数据引至神华新疆能源有限责任公司乌东北采区地勘报告瓦斯煤样分析成果表。

表6-8　+620 m水平45号煤层瓦斯含量结果

煤层编号	编号	地点	埋深/m	标高/m	含量/($m^3 \cdot t^{-1}$)	含量/($m^3 \cdot t^{-1}$)
45	HL-1	+620 m水平45号煤层南巷掘进面	180	620	2.77	2.08
45	HL-2	+620 m水平45号煤层北巷掘进面	180	620	2.81	2.03

注：数据引至《乌东煤矿45、43号煤层瓦斯基础参数测定抽采瓦斯可行性报告》报告。

通常地勘时期测定的瓦斯含量会因测定时间较长，或多或少存在一定的误差，但整体而言，地勘数据能反映煤层瓦斯含量梯度。为了确定北采区瓦斯分布情况，结合乌东煤矿地勘和实测的瓦斯含量数据，根据以下原则对不可靠的地勘和开拓期间瓦斯含量测点进行剔除。

1. 地勘瓦斯含量筛选原则

（1）对于距离较近、埋深相近且之间没有地质构造的相邻钻孔，将瓦斯含量测值较小者视为不可靠，测定结果舍去。

（2）煤样质量少于250 g的视为不可靠，测定结果舍去。

（3）煤样的甲烷成分低于80%的视为不可靠，测定结果舍去。

（4）瓦斯含量大于煤层极限瓦斯吸附量的视为不可靠，测定结果舍去。

（5）位于断层、褶曲轴部、陷落柱等地质构造附近，明显受地质构造影响的瓦斯含量测点不可用，测试结果舍去。

2. 开拓期间瓦斯含量筛选原则

（1）在打钻取样过程中，若取样深度小于15 m，则测定结果舍去。

（2）在打钻取样过程中，若发现取样地点受到构造影响时，则测定结果舍去。

（3）在实验室解吸过程中，若发现煤样内含矸量明显大于实际煤层中矸石含量，则测定结果舍去。

（4）在实验室解吸过程中，若发现煤样罐内无瓦斯解吸或者只有微量瓦斯解吸，说明该煤样罐漏气，测定结果舍去。

（5）若所测结果与其他相近标高、相近水平内测定结果出现明显差异时，该测点数据舍去。

根据以上的筛选原则，最终筛选出的瓦斯含量见表6-9。

表6-9 45号煤层瓦斯含量数据汇总（筛选后）

钻孔编号及测试地点	采样深度/ m	采样标高/ m	原煤瓦斯含量/$(m^3 \cdot t^{-1})$	备注
14-03	356.88	376.29	3.20	地勘
19-04	503.02	287.02	7.41	地勘
23-03	589.64	282.71	10.16	地勘
+620 m 水平 45 号煤层南巷掘进面	160.00	620.00	2.08	井下实测
+500 m 水平 43~45 号煤层联络巷	280.00	500.00	6.43	井下实测

根据表6-9，回归分析瓦斯含量 W 与埋深 H 的关系，如图6-7所示，相关回归系数 $R^2=0.74$。建立了如下线性关系式：

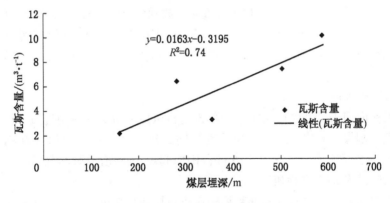

图 6-7 45 号煤层瓦斯含量与埋深关系图

$$W = 0.0163H - 0.3195 \qquad (6-4)$$

式中 H——煤层埋深，m；

　　　W——瓦斯含量，m^3/t。

　　　R——相关回归系数。

从该拟合关系式及回归系数看出，煤层瓦斯含量与埋深的拟合关系较好，其拟合系数 $R^2 = 0.74$，瓦斯含量梯度为 1.63 $m^3 \cdot (t \cdot hm)^{-1}$。

根据中煤科工集团重庆研究院对+500 m 水平 45 号煤层瓦斯含量的直接测定及推导的瓦斯含量与埋深的关系，可初步计算得到+575 m 水平 45 号煤层西翼回采工作面的瓦斯含量为 5.21 m^3/t，+550 m 水平 45 号煤层西翼瓦斯含量为 5.62 m^3/t，+525 m水平 45 号煤层西翼瓦斯含量为 6.02 m^3/t。必须指出，该数据为推测数据，可一定程度上提供参考，后期有条件应进行瓦斯含量直接测定。

6.3　急倾斜煤层水平分层开采工作面瓦斯涌出量来源分析

为了提出合理、切合实际的瓦斯涌出量预测方法，有必要分析急倾斜煤层水平分层开采工作面的采煤工艺，找出回采工作面可能的瓦斯来源，再根据分源预测方法的原理提出一套急倾斜煤层水平分层开采工作面的瓦斯涌出量预测方法。

6.3.1　急倾斜煤层水平分层开采工艺特点

急倾斜煤层水平分层放顶煤工作面的长度相当于煤层水平的厚度，故回采工作面长度受煤层厚度限制。+575 m 水平 45 号煤层西翼回采工作面长度为 30.6 m，分层高度为 25 m，机采 3.5 m，放顶煤 21.5 m，采放比 1∶6.1。采煤机截深 0.8 m，放煤步距 1.6 m，采用 MG300/355NWD 型短臂销轨式电牵引采煤机割煤。顶煤采用超前预爆破松动自然垮落法落煤。工作面布置如图6-8所示。

该工作面的回采工艺流程：

工作面回采工艺顺序为推移前部输送机机尾或机头→斜切进刀→推前刮板输送机→割煤、装煤、运煤→拉后刮板输送机→移架→放顶煤（在满 5 刀即 4 m后）→在距工作面煤壁 10~15 m 范围内起爆一排超前松动爆破孔。

（1）推移前部刮板机。

进刀前将采煤机行到前部刮板输送机机尾或机头处，然后以先机头后机尾或以先机尾后机头的顺序向前推移前部刮板运输机，推移步距 0.8 m。

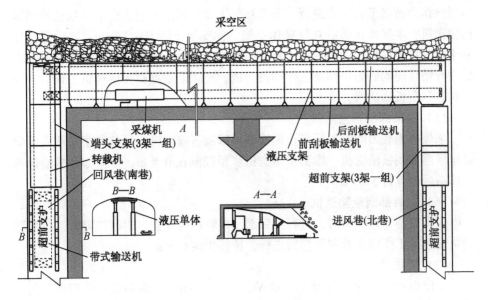

图 6-8 工作面布置示意图

（2）斜切进刀。

采用机头斜切进刀，双向割煤往返一次进一刀。进到方式如图 6-9 所示。

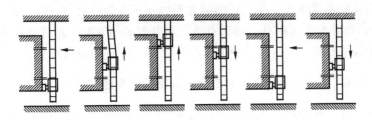

图 6-9 采煤机斜切进刀示意图

（3）割煤、装煤、运煤。

工作面采用斜切进刀的方式，机头机尾由人工辅助装煤。每次进刀都要求割满 0.8 m。采煤机截割下来的松散煤体及人工放顶煤利用工作面前、后部刮板输送机运至刮板转载机，再由刮板转载机经破碎机破碎后运至运输巷内可伸缩带式输送机运出工作面。

（4）移架。

液压支架在采煤机割顶刀时，滞后采煤机 3 m，按顺序移架，步距 0.8 m。

移架操作由两名工人配合进行，前架移架工操作推刮板输送机千斤顶住前部刮板输送机，本架操作前后立柱操作手把，使支架下降 10~15 cm，然后操作推移千斤，拉架前移，达到移架步距后，升起前后立柱达到初撑力要求，刀割完后，开始反向割底刀，移架工作即告完成。完成推前部刮板输送机工作后，即可拉后部刮板输送机。

（5）推前部刮板输送机。

采煤机割底刀时，进行工作面推移前部刮板输送机，推移顺序是从机头向机尾推前部刮板输送机，推刮板输送机步距控制在 0.8 m，推前部刮板输送机工作滞后采煤机 5~6 m。

（6）拉后部刮板输送机。

采煤机割完第一刀后，进行拉后部刮板输送机作业，割第二刀时，拉后部刮板输送机工作应在放完顶煤后进行，拉移步距 0.8 m。

（7）放顶煤。

工作面回采平均段高 25 m，放煤步距为 1.6 m。采煤机完成进刀循环停机后开始放顶煤，放煤方法采用由底板向顶板方向多轮间隔式顺序放煤，即先按 3，5，7，…号支架顺序放煤，再按 4，6，8，…号支架放煤，反复多次放煤。

（8）顶煤松动爆破。

工作面采用超前预爆破的方式使顶煤松动及时垮落。工作面超前预爆破孔装药采用乳胶基质炸药，在工作面南北巷内扇形布置，孔径 110 mm，眼排距 4 m，共计布置 9 个爆破孔。爆破孔采用液压钻机和 2 kW 岩石电钻在南北巷贯穿整个煤层打眼，在南北巷距工作面煤壁 10~15 m 内进行爆破。

6.3.2 急倾斜煤层水平分层综放工作面瓦斯涌出来源分析

根据分源法的原理，从宏观上急倾斜煤层水平分层开采工作面瓦斯涌出也包含本煤层瓦斯涌出和邻近层瓦斯涌出。根据工作面回采实际情况，结合国内学者对急倾斜煤层水平分层开采工作面瓦斯涌出的研究成果，回采工作面瓦斯涌出来源主要可以分为以下几个方面。

（1）开采分层工作面前方煤层卸压瓦斯涌出。

受煤层采动影响，本分层回采工作面前方形成"横三区"即应力增加区、应力降低区和原岩应力区。在应力降低区，由于煤体受到采动应力作用发生破坏，形成塑性区，塑性区内采动裂隙发育，增加了瓦斯流动通道，在工作面通风负压与工作面前方煤体瓦斯压力的压差作用下，瓦斯经煤体裂隙涌向工作面。

（2）采落煤体瓦斯涌出。

回采工作面采煤机割落煤体之后，煤体在采煤机的外力作用下破坏，煤体暴露表面积成倍增加，在割落煤体未经刮板运输机运出回采工作面之前，落煤中含有的吸附瓦斯将解吸形成游离瓦斯并与原有的游离瓦斯一起涌向工作面。

（3）工作面上部顶煤瓦斯涌出。

工作面回采之前采取超前松动爆破措施。在超前预爆破作用下，煤体产生人为附加裂隙，未放出的煤体的瓦斯将不同程度的沿裂隙涌入支架顶端，进一步涌向回采工作面。

（4）工作面下部煤层卸压瓦斯涌出。

由于上分层煤层开采，工作面空间应力突然释放，致使开采分层下部一定范围的煤层受到采动影响。下部一定深度煤体从最初的承受压力应力，逐渐转变承受拉力应力。在采动应力作用下使得煤体形成穿层裂隙和离层裂隙，为下部高压瓦斯涌向工作面提供优势瓦斯通道，从而使下部高压瓦斯一部分涌向回采空间（这可以解释生产过程中工作面底部瓦斯浓度高于工作面顶部瓦斯浓度），大部分瓦斯涌向采空区。

（5）采空区瓦斯涌出。

由于采用综放开采，且采放比较大，回采工作面后方的采空区会存在大量的遗煤。受放煤影响，未被运出采空区的煤块通常较为破碎，煤体中的瓦斯会解吸、释放；在工作面负压影响下，采空区瓦斯通过工作面架间和回风隅角涌向回采工作面，造成支架间和回风隅角形成局部的瓦斯积聚。

（6）邻近层瓦斯涌出。

受到工作面采动影响，距离开采煤层较近的邻近煤层卸压，邻近层的瓦斯会通过采动形成的穿层裂隙流入至回采空间，主要还是进入回采工作面采空区。

（7）老空区瓦斯涌出。

工作面上部封闭采空区积聚瓦斯在开采扰动和通风负压作用下向工作面飘逸释放。由于放煤口通风不畅，支架上方煤体和后部采空区的瓦斯大量释放涌入工作面，造成支架间形成局部瓦斯的积聚；特别是放煤期间，综放工作面瓦斯的扩散运移导致煤口和架间瓦斯积聚。

通过对急倾斜煤层水平分层开采工作面瓦斯涌出源的分析，不难发现其相对于水平、缓倾斜的煤层工作面，工作面瓦斯涌出量主要增加了工作面下部煤体的瓦斯涌出量。因此，如何计算工作面下部煤体瓦斯涌出量将是对急倾斜煤层水平分层开采工作面瓦斯涌出量预测的关键。

6.4 急倾斜煤层水平分层工作面瓦斯涌出构成及影响因素分析

6.4.1 急倾斜煤层水平分层开采工作面瓦斯涌出构成及分布特征

为了分析急倾斜煤层水平分层开采工作面瓦斯涌出情况以及乌东煤矿采用的瓦斯治理措施产生的成效，找出急倾斜煤层水平分层工作面局部瓦斯积聚，尤其是回风隅角瓦斯积聚的原因，进一步完善及优化瓦斯治理措施，实测回采工作面的不同瓦斯涌出源及工作面瓦斯浓度分布具有十分重要意义。为此，中煤科工集团重庆研究院在项目研究过程中开展了对工作面瓦斯分布的测定工作。

1. 工作面瓦斯涌出构成和特征

常采用单元测定法对回采工作面在回采过程中的瓦斯涌出分布进行测定。单元法测定瓦斯涌出的原理：将工作面分成若干个单元，测定每个单元的风量大小和进出断面瓦斯浓度，然后进行累加合成分析，从而得出整个工作面的不同瓦斯涌出源的涌出量大小和工作面的瓦斯浓度分布。

分源法主要实施步骤如下：

（1）将工作面划分为 n 个单元，使用目前常用的安全仪器实测单元的瓦斯浓度。

（2）测定每个单元的进风量和出风量。

（3）测定每个单元进风断面和回风断面由煤壁至采空区各测点的瓦斯浓度。

（4）根据瓦斯平衡方程、风量平衡方程，计算每个单元的采空区漏风量、采空区瓦斯涌出量、煤壁及采落煤的瓦斯涌出量。

根据分源法的原理及实施步骤，对 +575 m 水平 45 号煤层西翼工作面瓦斯分布进行现场测定。测定过程中沿着回采工作面共布置了 3 个测站，具体布置如图 6-10 和图 6-11 所示。每一个测站布置 4 个测定点，测定每个断面的瓦斯浓度 C_1、C_2、C_3、C_4 和进出单元断面的进、出风量 Q_{in}、Q_{out}；并且在进、回风巷中各布置一个测站，测量瓦斯浓度和风量，在回风巷断面上布置不同测点测定瓦斯浓度沿巷道断面分布情况。为了更加准确地分析瓦斯涌出组成，该测定工作在检修班进行，连续测定 3 个班，每班测定 3 次。之所以选取在检修班测定采面瓦斯浓度分布，是因为检修期内工作面瓦斯分布不受工作面割煤及放煤影响，相对较稳定。根据实测数据，计算各个测点的瓦斯浓度的平均值见表6-10（测定时间为 2014 年 6 月 14 日、15 日、16 日 3 天早班，分别在测站对应测点测定相关瓦斯数据），根据测定结果分析工作面瓦斯分布规律。

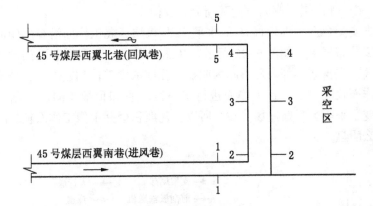

图 6-10 测站布置图

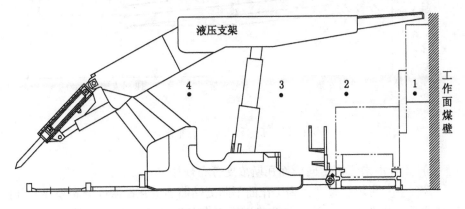

图 6-11 测点布置图

表 6-10 工作面瓦斯浓度及风量数据

测站编号	测点	瓦斯浓度/%				风速/(m·min⁻¹)	断面/m²	风量/(m³·min⁻¹)
		支架尾部	人行道	前刮板输送机	煤壁	风速/(m·min⁻¹)	断面/m²	风量/(m³·min⁻¹)
1	进风巷	0.05				1.30	11.1	865.800
2	13架	0.06	0.05	0.05	0.06	1.08	12.92	837.216
3	8架	0.08	0.06	0.05	0.07	1.30	12.92	697.680
4	2架	0.13	0.07	0.06	0.06	1.02	12.92	790.704
5	回风巷	0.14				1.20	13.0	803.400

131

1）工作面沿煤层倾向方向瓦斯分布规律

根据实测数据，得到+575 m 水平 45 号煤层西翼工作面沿煤层倾向方向上瓦斯浓度分布规律，如图6-12所示。从图可看出，距回风巷距离越小，瓦斯浓度越大，在支架尾部表现得越为明显。瓦斯浓度整体相差不大，分析认为是由于工作面长度较短，且工作面进行采空区埋管和顶板走向高位钻孔抽采措施，改变了采空区瓦斯流场分布，所以，瓦斯积聚并不像工作面较长的长壁工作面那么明显。

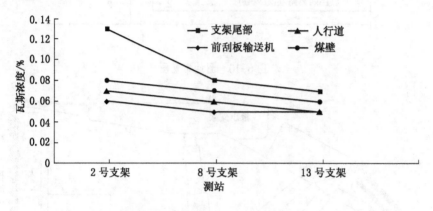

图6-12　工作面水平方向瓦斯分布

2）工作面沿煤层走向断面瓦斯浓度分布规律

将现场实测数据整理得到工作面不同测站断面上瓦斯浓度分布规律，如图6-13所示。从图中可以看出，沿着煤层走向的断面上瓦斯浓度的分布呈现抛物线的形状，即工作面煤壁和采空区侧的瓦斯浓度较大，而工作面中部对应的瓦斯浓度较小，前刮板输送机上方处的瓦斯浓度最小。13 号支架测点处瓦斯浓度分布表现不明显，瓦斯浓度基本一样大。由于 13 号支架位于工作面的进风侧，受到风流流动和采空区埋管抽采影响，风流一部分会流入采空区，从而导致煤壁和支架尾部的瓦斯浓度相差不大。8 号支架基本处于工作面正中间处，根据以往研究表明，处于工作面中间断面的煤壁瓦斯一般大于靠近采空区区域的瓦斯浓度。然而，对急倾斜煤层水平分层开采工作面实测得到工作面中部采空区侧的瓦斯浓度均值大于煤壁侧的瓦斯浓度，分析可能是开采分段下部煤层的卸压瓦斯通过采动裂隙流向工作面及工作面采空区，也可能是上分段老空区瓦斯流向采空区，甚至两种原因均存在；另外一方面受采空区风流影响其煤壁及支架尾部风速小于人行道和前刮板输送机测点的风流速度，也是造成瓦斯浓度分布不均的原因之一。2 号支架测点处可认为是工作面末端处，同样是两侧的测点瓦斯浓度大，而中间瓦斯浓度小，在工作面前刮板输送机上方的瓦斯浓度最小。分析原因是该处基本处于巷道与工作面转角处，该处风流速度较大；而支架尾部瓦斯浓度大是因为负压通风造成采空区风流附带的高浓度瓦斯流入回风隅角、回风巷，造成采空区的瓦斯流向工作面后部，因此，支架尾部的瓦斯浓度大一些。

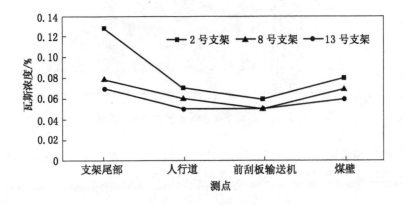

图 6-13　工作面断面瓦斯浓度分布

2. 采空区瓦斯涌出量以及漏风量计算

根据国内部分学者对采空区的界定，在空间上以工作面液压支架后端与切顶线为界线，切顶线以后为采空区，切顶线至采面煤壁之间为采面。由于采场的生产巷道、回采工作面、进风巷、回风巷部分或全部与采空区相邻，其中回采工作面全部与采空区相邻，不可避免地与采空区存在着联系，因此，有必要分析采空区瓦斯涌出情况。

由于采空区无法深入，瓦斯涌出复杂，现场无法直接测量其瓦斯涌出量，只能采用间接法分析瓦斯涌出。采空区瓦斯涌出量计算一般有 4 种方法：分源计算法、用基本顶跨落前后回风瓦斯涌出量的变化来估算、作图法估算采空区瓦斯涌出量，最后在采空区抽采量较大条件下的涌出量估算。根据乌东煤矿实际情况，基本顶的初次来压并不容易判定，所以不选用基本顶垮落前后的瓦斯涌出量的变化来估算采空区瓦斯涌出方法，而是采用分源计算和工作面采空区瓦斯抽采大的涌出量估算两种方法进行整体分析得到采空区瓦斯涌出量。

1）分源计算法计算采空区瓦斯涌出情况

利用瓦斯平衡方程、风量平衡方程，计算每个单元的采空区漏风量、采空

区瓦斯涌出量、煤壁的瓦斯涌出量。瓦斯平衡和风量平衡的计算示意图如图
6-14所示。

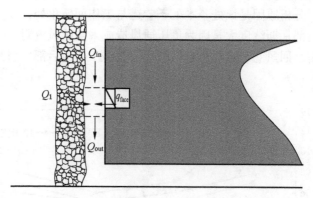

图6-14　瓦斯平衡和风量平衡计算示意图

根据实测数据，利用瓦斯平衡方程、风量平衡方程，计算单元采空区漏风
量、采空区瓦斯涌出量、煤壁及采落煤炭的瓦斯涌出量。

$$Q_{in} \pm Q_1 - Q_{out} = 0 \qquad (6-5)$$

$$q_{goaf} = Q_1 \times C_1 \qquad (6-6)$$

$$q_{face} = Q_{out} \times C_{out} - Q_{in} \times C_{in} - q_{goaf} \qquad (6-7)$$

式中　　　Q_{in}——流入单元的风量，m^3/min；

　　　　　Q_{out}——流入和流出单元的风量，m^3/min；

　　　　　Q_1——从采空区流入（出）本单元的漏风量，m^3/min；

　　　　　q_{goaf}——是从采空区涌入本单元的瓦斯量，m^3/min；

　　　　　q_{face}——本单元内煤壁、顶底板及采落煤层的瓦斯涌出量，m^3/min；

　　　　　C_1——漏风流中的瓦斯浓度，%；

　　　C_{out}、C_{in}——分别为流出和流入本单元风流中的瓦斯浓度，%。

根据上述原理进行数据处理，对表实测数据处理之后，处理结果见
表6-11。

表6-11　工作面瓦斯涌出量比例实测数据处理结果

编号	单元漏风量/($m^3 \cdot min^{-1}$)	采空区瓦斯浓度/%	采空区涌出量/($m^3 \cdot min^{-1}$)	煤壁以及落煤瓦斯涌出量/($m^3 \cdot min^{-1}$)	单元内瓦斯涌出量/($m^3 \cdot min^{-1}$)
1	-28.58	0.06	-0.02	0.03	0.01

表6-11（续）

编号	单元漏风量/ $(m^3 \cdot min^{-1})$	采空区瓦斯浓度/%	采空区涌出量/ $(m^3 \cdot min^{-1})$	煤壁以及落煤瓦斯涌出量/ $(m^3 \cdot min^{-1})$	单元内瓦斯涌出量/ $(m^3 \cdot min^{-1})$
2	-139.54	0.08	-0.11	0.08	-0.03
3	93.02	0.13	0.12	0.09	0.21
4	25.06	0.23	0.06	0.45	0.51
总计	-50.04		0.05	0.66	0.71
比例			7.02	92.98	100

对上表中实测数据分析得出，在不考虑采空区抽采的情况下，采空区瓦斯涌出量占工作面瓦斯涌出量的7.02%，煤壁及落煤的瓦斯涌出占工作面瓦斯涌出总量的92.98%。

在实测数据期间，工作面采取了高位钻孔抽采和采空区埋管抽采，其平均抽采量分别为1.60 m^3/min 和6.60 m^3/min。若考虑采空区抽采对瓦斯涌出量的影响，应将采空区抽采量计入瓦斯涌出量中，则采空区瓦斯涌出量为8.25 m^3/min，整个工作面瓦斯涌出量为8.91 m^3/min。可得到采空区瓦斯涌出量占工作面瓦斯涌出量的92.59%，来自煤壁（包括工作面落煤）及工作面顶、底煤层瓦斯占7.41%。

2）采空区瓦斯抽采量大的估算方法

众多研究表明，进行采空区瓦斯抽采的工作面，如果抽采量较大时，抽出的瓦斯绝大部分为采空区内涌出的瓦斯，进行瓦斯抽采后，上隅角仍然会涌出一部分采空区瓦斯。理论上采空区瓦斯应为抽采的瓦斯加上隅角涌出的一部分瓦斯，但是抽采使得采空区瓦斯涌出强度增加，比不进行瓦斯抽采多涌出一部分瓦斯，这两部分瓦斯如果大致相抵消，可以粗略地把抽采量作为采空区瓦斯涌出量。采空区瓦斯涌出所占比例如下式：

$$R = \frac{Q_1}{Q} \times 100\% \qquad (6-8)$$

式中　　R——采空区瓦斯涌出量占工作面总涌出量的比例,%；

　　　　Q_1——采空区（含邻近层、下部煤体）瓦斯抽采量，m^3/min；

　　　　Q——工作面瓦斯涌出量（包括抽采量），m^3/min。

根据乌东煤矿的实际情况，高位钻孔抽采瓦斯量为0.23～2.37 m^3/min，采空区埋管抽采量为2.75～9.53 m^3/min，总的瓦斯抽采量为3.97～10.42 m^3/min，平均为 7.3 m³/min，而工作面涌出总量为 5.19 ~ 11.84 m³/min，平均为 9.04 m³/min。根据式（6-8）得到采空区瓦斯涌出量占工作面涌出量的 80.75%。

3. 回风巷道断面瓦斯浓度分布

在进行工作面瓦斯浓度测定过程中，测定了回风巷道断面上瓦斯浓度分布，测点的布置如图 6-15 所示，其中测定点位于工作面超前支架之前。对测定结果进行数据处理之后得到如图 6-16 所示瓦斯浓度分布。通过图（6-16）看出，回采巷道断面上瓦斯浓度在靠近右帮较大，在靠近左边偏巷道中间部位瓦斯浓度较小，靠近左端瓦斯浓度处于中间。这是因为在测点之后有超前支架影响，支架使得风流重新分布，另一方面由于工作面转角的原因，在转角处自身就会形成紊流，致使瓦斯浓度在工作面后端一定范围内不均匀分布。

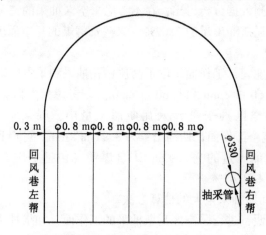

图 6-15　回风巷瓦斯浓度测点布置图

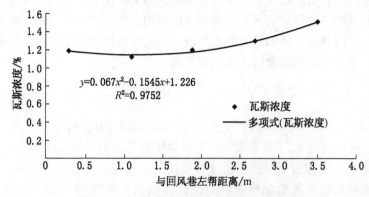

图 6-16　回风巷断面瓦斯浓度测定处理结果

6.4.2 急倾斜煤层水平分层开采回采工作面瓦斯涌出影响因素分析

本章前几节对回采工作面瓦斯分布情况进行实测和分析，为更加明了分析工作面瓦斯涌出影响因素，对搜集数据进行进一步处理，分别考虑日产量、采出率、回采速度、煤层残余瓦斯含量等影响因素对瓦斯涌出影响。该工作面地质构造简单，忽略地质因素影响对瓦斯涌出影响。表6-12中回风瓦斯浓度平均值是指每个月中回风流；表中回风瓦斯浓度最大值是每一个月中瓦斯浓度最大值；表中当月工作面风排瓦斯量是指工作面回风流排出瓦斯量减去进风流带入的瓦斯量，按天取平均值为当天回采工作面风排瓦斯量（标准状态下纯瓦斯量），取当月中最大一天的风排瓦斯量为当月回采工作面风排瓦斯量（标准状态下纯瓦斯量）。表中瓦斯涌出量包含风排瓦斯涌出量和抽采瓦斯涌出量，由于煤层预抽已经进行很长时间，忽略边采边抽的瓦斯抽采量，瓦斯涌出量组成如图6-17所示。

表6-12 回采工作面生产及瓦斯情况统计表

月 份	2014年2月	2014年3月	2014年4月	2014年5月	2014年6月	2014年7月	2014年8月	2014年9月
月产量/t	14508.40	29221.70	44185.70	45553.20	80874.80	92101.80	74314.70	42693.97
日均产量/t	659.50	1270.50	2008.20	1626.90	2788.80	3175.90	2397.25	2511.41
实际生产天数/d	22.00	22.00	22.00	28.00	29.00	29.00	31.00	17.00
月平均采出率%	18.44	40.57	39.08	36.79	46.11	51.50	52.63	55.24
月进尺/m	80.30	80.30	124.10	147.60	188.60	195.40	156.20	85.50
日平均速度/($m \cdot d^{-1}$)	3.65	3.50	5.40	5.27	6.48	6.74	5.04	4.75
回风瓦斯浓度平均值/%	0.40	0.21	0.16	0.16	0.24	0.18	0.20	0.17
回风瓦斯浓度最大值/%	0.82	0.30	0.54	0.24	0.32	0.32	0.30	0.32
回风风量/($m^3 \cdot min^{-1}$)	833.40	809.60	1022.00	891.40	820.90	798.00	902.30	887.30
风排瓦斯/($m^3 \cdot min^{-1}$)	2.82	1.23	3.44	0.87	1.42	0.94	1.25	0.93
抽采瓦斯/($m^3 \cdot min^{-1}$)	0.86	1.91	5.61	3.97	10.42	20.48	10.08	6.42

表6-12（续）

月 份	2014年2月	2014年3月	2014年4月	2014年5月	2014年6月	2014年7月	2014年8月	2014年9月
高位钻孔/(m³·min⁻¹)	0.86	1.91	2.37	1.40	3.00	1.07	0.55	0.23
埋管抽采/(m³·min⁻¹)	0.00	0.00	3.24	2.57	7.42	19.41	9.53	6.19
瓦斯涌出量/(m³·min⁻¹)	3.68	3.14	9.05	4.84	11.84	21.42	11.33	7.35

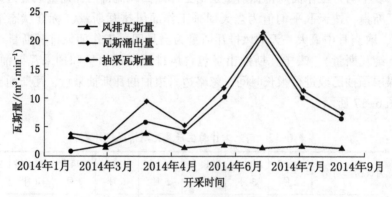

图6-17　工作面瓦斯涌出量组成

1. 产量与瓦斯涌出的关系

瓦斯涌出量与工作面产量的关系如图6-18、图6-19所示，根据两图可以看出，工作面瓦斯涌出量与回采工作面产量之间存在线性关系，随着日产量的增加，回采工作面瓦斯涌出量逐渐增大，反之，则减小。

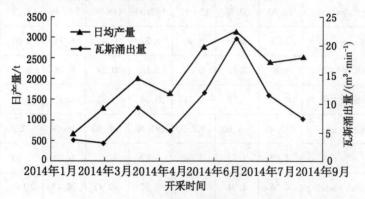

图6-18　日产量与瓦斯涌出量分布图

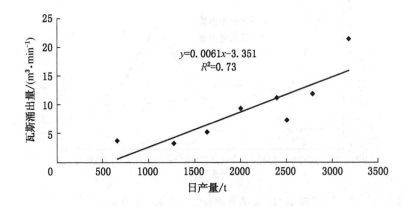

图 6-19 产量与瓦斯涌出量关系图

2. 采出率与瓦斯涌出量关系

回采工作面采出率及采出率倒数与工作面瓦斯涌出量之间的关系如图 6-20 至图 6-22 所示。从 3 个图中看出，整体上采出率与瓦斯涌出量呈反比关系，而采出率倒数与瓦斯涌出量呈正比关系，即有采出率倒数越大，回采工作面瓦斯涌出量越大。众所周知，采用综合机械化放顶煤开采技术条件，其采空区遗留大量煤体，在通风负压的作用下，瓦斯将通过工作支架及回风隅角涌现工作面。而乌东煤矿为水平分段开采，受上分层开采后下分层卸压瓦斯也是通过采动裂隙流向采空区，同样也会涌向工作面或者被采空区埋管抽出。

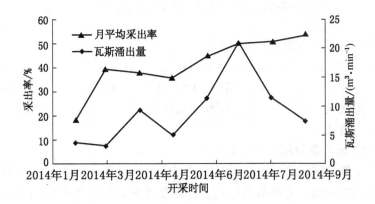

图 6-20 采出率与瓦斯涌出量分布图

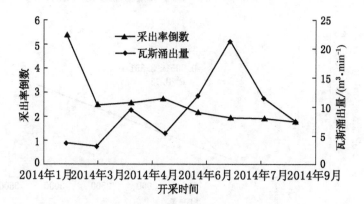

图 6-21　采出率倒数与瓦斯涌出量分布图

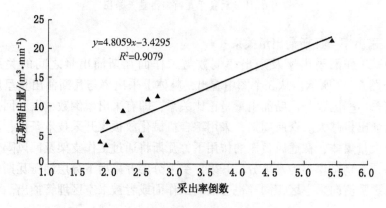

图 6-22　采出率倒数与瓦斯涌出量之间关系

3. 回采速度与瓦斯涌出量关系

回采速度与瓦斯涌出量的关系如图 6-23、图 6-24 所示，其中回采速度是指的每一个月实际生产时间平均回采速度。根据两图看出，工作面回采速度与瓦斯涌出量之间呈现线性关系，随着回采速度的增加，其瓦斯涌出量增大，反之，则涌出量减小。

4. 工作面风量与瓦斯涌出量关系

回采工作面供风量与工作面瓦斯涌出量之间的关系如图 6-25 和图 6-26 所示。从图中看出，瓦斯涌出量与工作面供风量之间并不存在简单的线性关系。说明在回采工作面瓦斯治理中并不能一味地增加通风风量，风量过大可能造成瓦斯涌出量过大，供风量小瓦斯涌出量也可能大。依靠通风治理工作面瓦斯涌出过大问题往往并不可靠，仅能在一定程度上取得瓦斯治理效果。

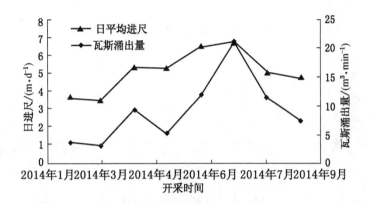

图 6-23　推进度与瓦斯涌出量分布图

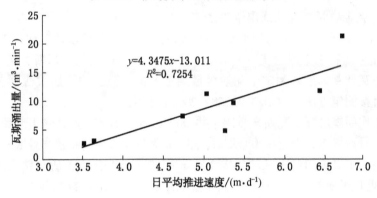

图 6-24　日推进度与瓦斯涌出量关系

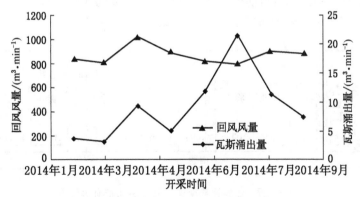

图 6-25　风量与瓦斯涌出量分布图

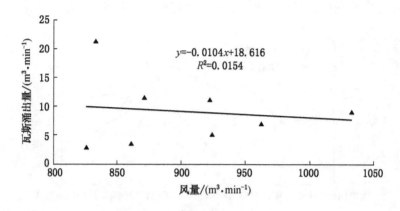

图 6-26　风量与瓦斯涌出量关系

5. 瓦斯含量与瓦斯涌出量关系

+575 m 水平 45 号煤层西翼工作面在回采前开展了预抽工作，于 2013 年 11 月由中煤科工集团重庆研究院对工作面测定了煤层残余瓦斯含量。其测定方法与瓦斯基本参数测定中瓦斯含量测定方法一致，均按照《煤层瓦斯含量井下直接测定方法》（GB/T 23250—2009）测定。

工作面煤层残余瓦斯含量测定共布置 11 个取样点，在距离开切眼 30 m 处布置 1 号取样点，在距离 1 号取样点 30 m 靠近 4 号煤门布置 2 号取样点。从 4 号煤门至 1 号煤门这一区域每隔 100 m 布置一个取样点，所有钻孔施工倾角 26°，垂直于南巷施工。取样钻孔布置如图 6-27 和图 6-28 所示。

通过工业分析和吸附常数测定得到 45 号煤层残存瓦斯含量为 1.53 m³/t，结合现场和实验室测定可解吸瓦斯含量得到工作面的残余瓦斯含量，残余瓦斯含量在 2.2334~4.6628 m³/t 之间。测定结果见表 6-13。

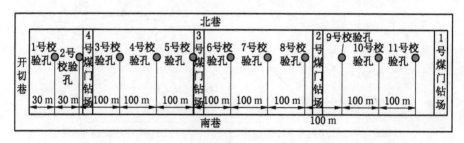

图 6-27　工作面残余含量测定钻孔平面示意图

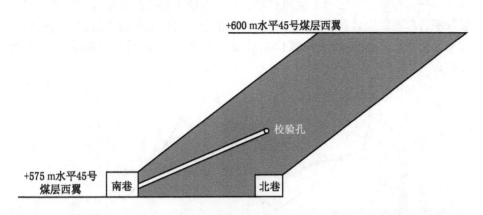

图6-28 工作面残余含量测定钻孔剖面示意图

表6-13 工作面残余瓦斯含量测定结果表   m³/t

取样点	可解吸瓦斯含量	残存瓦斯含量	残余瓦斯含量
取样点 1	3.1328	1.53	4.6628
取样点 2	1.9239	1.53	3.4539
取样点 3	1.5499	1.53	3.0799
取样点 4	1.4354	1.53	2.9654
取样点 5	1.0200	1.53	2.5500
取样点 6	1.1297	1.53	2.6597
取样点 7	1.1039	1.53	2.6339
取样点 8	0.7034	1.53	2.2334
取样点 9	0.9931	1.53	2.5231
取样点 10	1.2548	1.53	2.7848
取样点 11	1.1445	1.53	2.6745

注：表中残存瓦斯含量根据中煤科工集团重庆研究院在乌东煤矿实测数据计算。

    根据瓦斯涌出量与测定的瓦斯含量得到工作面瓦斯含量与瓦斯涌出量之间关系如图6-29所示。从图看出，回采工作面瓦斯涌出量与瓦斯含量的关系并非是简单线性关系，在工作面回采初期瓦斯含量较大，而瓦斯涌出量相对较小，后期瓦斯含量基本一致，而瓦斯涌出量也并非与之对应的一致。分析原因认为，一是开采初期已回采空间有限，对工作面下部煤体卸压范围有限，且顶板的滞后垮落效应致使采空区瓦斯涌出量稍小；二是工作面瓦斯涌出量中包含抽采瓦斯量，其埋管抽采及高位钻孔抽采效果对瓦斯涌出量的大小有直接影响。

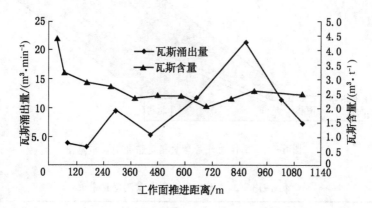

图6-29　瓦斯含量与瓦斯涌出量关系

6. 回采工作面瓦斯涌出量主要因素

通过上述分析，回采工作面瓦斯涌出主要影响因素包括以下6点。

（1）生产工序对瓦斯涌出的影响。

开采分层的瓦斯（其中包括煤壁和采落煤涌出的瓦斯）涌出量受落煤工艺的不同有较大的变化，同时还与回采速度和瓦斯来源的构成有关。一般情况下，所采用的落煤工艺对煤体破碎程度越高瓦斯涌出量越大。另外，本开采分层的瓦斯涌出量在一个作业循环中因工序不同也会有很大的变化。放顶和爆破工序瓦斯涌出量最大，而检修阶段瓦斯涌出量是最小。受采动影响的邻近煤层与围岩的瓦斯涌出量主要取决于这些煤层的原始瓦斯含量、瓦斯压力、距开采层的距离、围岩的透气性、开采层工作面顶板控制方法和工作面推进速度等；而开采分段下部煤体卸压瓦斯涌出量主要取决于受到采动影响下部煤体卸压程度（包括卸压深度）以及瓦斯含量梯度等。

（2）配风量对工作面瓦斯涌出的影响。

随着回采日产量的逐渐增大，其瓦斯涌出量逐渐增加。为了使回采工作面以及回风巷瓦斯涌出量不超限，一般情况下是通过增加通风风量来稀释瓦斯。工作面通风风量对瓦斯涌出量的大小有一定的影响，主要是对采空区瓦斯的涌出影响较大。如果通风风量过小，上隅角瓦斯浓度过大；但通风风量过大，则也会造成采空区瓦斯涌出量大，同样也会造成回风巷和上隅角瓦斯超限。

（3）工作面推进速度对工作面瓦斯涌出的影响。

工作面推进速度对瓦斯涌出的影响已被生产实践所证实。推进速度越快，一定程度会增加遗煤量和相对落煤量，煤体破碎造成瓦斯涌出，瓦斯涌出量增加，反之减小。此外，推进速度的改变意味着产量发生变化，则相对瓦斯涌出量也要发生变化。

工作面瓦斯涌出影响因素众多，根据乌东煤矿急倾斜煤层水平分层开采工作面实际情况以及其他学者研究，地质因素和工作面周围开采情况以及地下水分布也是影响工作面瓦斯涌出量的影响因素。

（4）地质因素对工作面瓦斯涌出的影响。

地质因素对瓦斯涌出的影响主要是对开采层瓦斯含量、邻近层以及围岩瓦斯含量的影响，进而影响工作面的瓦斯涌出量。综采工作面影响瓦斯涌出量的地质因素主要为煤层埋藏深度、煤层和围岩的透气性及地质构造。封闭型地质构造有利于瓦斯的封存，开放型地质构造有利于排放瓦斯，闭合而完整的背斜构造又覆盖不透气的地层是良好的储存瓦斯构造，在其局部煤层往往积存高压瓦斯形成气顶。断层对瓦斯涌出也有较大的影响，开放性断层会引起附近煤层瓦斯含量降低，封闭性断层一般可以阻止瓦斯的排放，煤层瓦斯含量一般相对较高。

（5）工作面周围开采对瓦斯涌出的影响。

根据工作面瓦斯涌出统计资料，工作面周围是否开采对邻近层瓦斯涌出有较大的影响。在相同条件下，工作面周围有两面已采比四周未采时的瓦斯涌出量要大，只有一面开采时瓦斯涌出量居于两者之间。因此，在常用的瓦斯涌出量预测方法中常引入开采影响系数，对邻近层瓦斯涌出量进行修正。

（6）地下水对工作面瓦斯涌出的影响。

地下水的流动能够带动煤岩体中的瓦斯运移，因此，含有丰富地下水的煤层瓦斯含量较低。因此，工作面回采至含水发育的煤层段，工作面瓦斯涌出量相对降低，相反，瓦斯涌出量较大。

6.5 急倾斜煤层水平分层开采工作面瓦斯涌出分析

6.5.1 掘进工作面瓦斯涌出情况分析

在项目开展过程中，搜集整理了南巷、北巷及开切巷掘进过程中的瓦斯涌出相关资料，并对掘进过程中瓦斯涌出相关资料进行了综合分析。

+575 m 水平 45 号煤层西翼工作面北巷位于煤层底板侧，于 2012 年 12 月开始掘进，于 2013 年 7 月巷道掘进结束。+575 m 水平 45 号煤层西翼工作面南巷位于煤层顶板侧，于 2013 年 1 月 8 日开始掘进，于 2013 年 6 月掘进结束。+575 m 水平 45 号煤层西翼工作面开切巷于 2013 年 7 月掘进并于当月完成。巷道掘进期间的瓦斯涌出量是通过矿方瓦斯检测员一班测三次，一天三班的瓦斯浓度测试结果结合该掘进工作面风量报表就算得出。+575 m 水平 45 号煤层西翼工作面南巷、北巷以及开切巷掘进期间瓦斯涌出变化曲线如图 6-30 至图 6-32 所示。

从图 6-30 和图 6-31 发现，在南巷和北巷掘进初期，随着巷道长度增加，巷道瓦斯涌出量逐渐增大，增大到一定程度后瓦斯涌出量处在一个相对稳定阶段，而掘进后期瓦斯涌出量大于掘进初期瓦斯涌出量。巷道瓦斯涌出存在固定煤壁和移动煤壁，在巷道掘进初期，巷道瓦斯涌出量随着移动煤壁长度的增加而增大。整个巷道掘进过程中，后期的瓦斯涌出量大于掘进初期瓦斯涌出。这是因为西翼瓦斯含量从东往西有增大趋势，在巷道掘进速度和巷道断面基本保持恒定情况下，巷道掘进期间瓦斯涌出量与瓦斯含量分布规律基本保持一致，即表现为煤层瓦斯含量越大，掘进工作面瓦斯涌出量越大规律。

从图 6-32 开切巷掘进期间瓦斯涌出量分布图看出，在掘进开切眼时，瓦斯涌出量变化不大，基本保持稳定。这是因为整个开切巷掘进处于同一埋深，在同一埋深下瓦斯含量基本一致且巷道断面及掘进速度又基本一致。同时从图 6-31 和图 6-32 看出，南巷、北巷在巷道掘进过程中瓦斯涌出量基本保持一致，由于两条巷道几何参数基相差不大且处在同一埋深，煤层瓦斯含量基本相等。

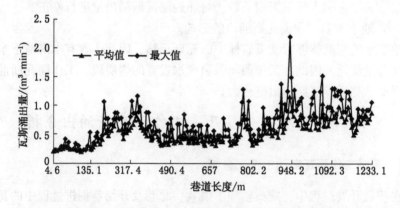

图 6-30　工作面北巷掘进期间瓦斯涌出量变化曲线

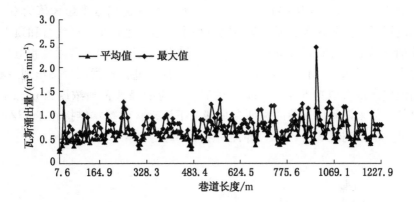

图 6-31　工作面南巷掘进期间瓦斯涌出量变化曲线

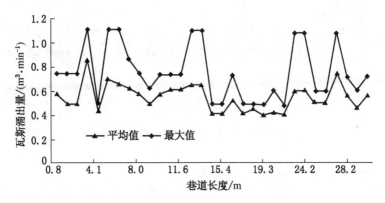

图 6-32　工作面开切眼掘进期间瓦斯涌出量变化曲线

6.5.2　+575 m 水平 45 号西翼回采工作面瓦斯涌出情况分析

1. 回采工作面回风巷瓦斯涌出情况分析

+575 m 水平 45 号煤层西翼工作面回风巷瓦斯涌出量随工作面推进距离的变化曲线如图 6-33 所示，从图看出，开始回风巷的瓦斯涌出量较大。通过分析和现场了解情况，发现该工作面初期并没有进行采空区瓦斯抽采，且工作面回采初期采出率较低，采空区瓦斯在负压通风作用下将大量涌向工作面，通过回风排出；另一方面，在进行工作面回采之前，对工作面进行了预抽，开切眼附近抽采时间相对较短，自身瓦斯含量较大，这与后期进行煤层残余瓦斯含量测定结果相符。整体上工作面回采期间，回风巷瓦斯量在开采初期较大，最大值达到 6.9 m³/min，出现在 2014 年 2 月 6 日，其瓦斯浓度最大值为 0.82%。根据现场了解实际情况，发现矿方刚开始生产尚未进行采空区埋管和顶板高位钻孔抽采措施；在顶煤松动爆破时，大量采空区瓦斯涌出导致回风巷道瓦斯浓度过大。在回采工作面推进 220 m 左右后，回风巷瓦斯涌出量又出现一峰值，瓦斯涌出量最大值为 5.4 m³/min，此时，对应的最大瓦斯浓度为 0.52%。除此之外，回采期间回风巷的瓦斯量呈现上下波动，但基本维持在 1 m³/min 左右，最大值不超过 3 m³/min，即瓦斯浓度不超过 0.4%。

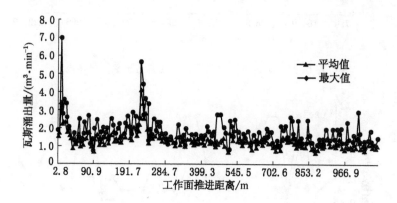

图 6-33　工作面回风巷瓦斯量变化曲线

2. 回采工作面回风隅角瓦斯情况分析

+575 m 水平 45 号煤层西翼工作面回风隅角瓦斯浓度平均值与最大值随工作面推进的变化如图 6-34 所示。根据图看出，回风隅角瓦斯浓度的平均值在

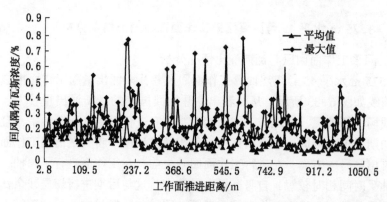

图 6-34　工作面回风隅角瓦斯浓度变化曲线

回采期间整体不大，均值基本维持在 0.3% 以下，瓦斯浓度的最大值基本维持在 0.5% 以下。整个回采过程中回风隅角瓦斯浓度超过 0.5% 一共有 10 次，超过 0.6% 一共有 7 次，瓦斯浓度超过 0.7% 一共有 3 次，从生产开始到回采结束回风隅角的瓦斯浓度的平均值的 0.13%，其中瓦斯浓度的最大值为 0.78%。瓦斯浓度频率分布如图 6-35 所示。

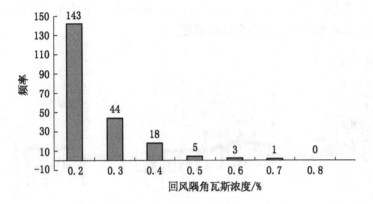

图 6-35　工作面回风隅角瓦斯浓度频率分布图

3. 回采工作面瓦斯涌出情况分析

回采工作面瓦斯涌出量与推进度关系曲线如图 6-36 所示。从图中看出，在整个工作面回采过程中，瓦斯涌出量均值处在 1 m³/min 左右；整体而言，工作面回采 100~440 m 期间和工作面开采初期工作面上测试的瓦斯涌出量稍大。根据预抽之后的残余煤层瓦斯含量测定，工作面回采初期的煤层残余瓦斯

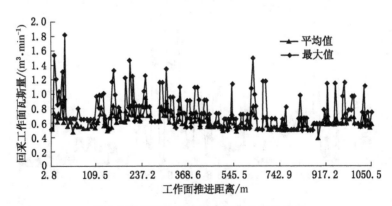

图 6-36　西翼工作面瓦斯涌出量变化曲线

含量超过了 4 m³/t，而在工作面回采 100～440 m 的区域煤层残余瓦斯含量在 3 m³/t 左右，后期残余瓦斯含量较小（2.5 m³/t 左右）。因此，说明瓦斯含量直接影响工作面瓦斯涌出量。

4. 回采工作面进风巷瓦斯涌出情况分析

+575 m 水平 45 号煤层西翼工作面进风巷瓦斯量随回采进尺分布关系如图 6-37 所示。从图中看出，整个回采期间进风巷瓦斯量平均值 0.477 m³/min，整个回采过程中进风巷瓦斯涌出量较稳定。

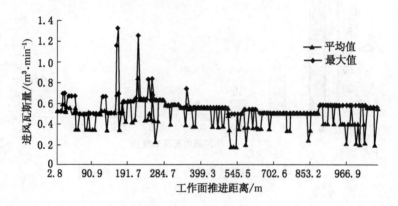

图 6-37　工作面进风巷瓦斯涌出量变化曲线

5. 回采工作面瓦斯抽采情况分析

+575 m 水平 45 号煤层工作面回采期间高位钻孔和采空区埋管抽采瓦斯情况如图 6-38 至图 6-40 所示。从图 6-38 看出，高位钻孔抽采纯量并不大，多

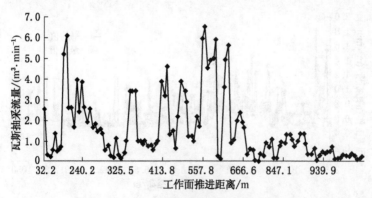

图 6-38　西翼工作面高位钻孔抽采变化曲线

数时间在 2 m³/min 以下。在工作面推距离在 720 m 左右时，瓦斯抽采量较大，能够达到 6 m³/min 左右。从图 6-40 看出，采空区埋管抽采随着工作面的推进有一定程度的增大，同样，在工作面推进距离在 720 m 左右也表现出瓦斯抽采量较大现象。总体看来，采空区埋管瓦斯抽采较为稳定，瓦斯纯量在 5 m³/min 左右。根据在矿方了解实际情况，工作面推进距离 720 m 左右时（2014 年 7 月），瓦斯流量较大是因为该月测量仪器测出的瓦斯浓度较其他测量方法高出很多，后期进行了仪器的校正。

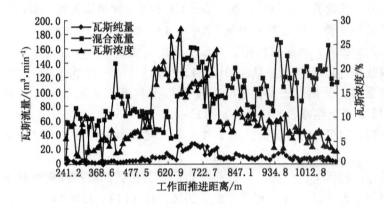

图 6-39　西翼工作面采空区埋管抽采变化曲线

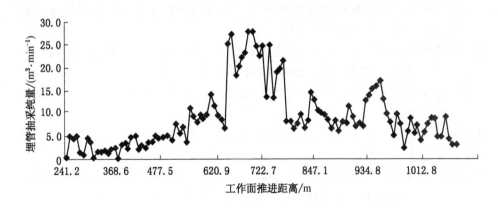

图 6-40　西翼工作面采空区埋管抽采变化曲线

参 考 文 献

[1] 王刚，武猛猛，王海洋，等．基于能量平衡模型的煤与瓦斯突出影响因素的灵敏度分析 [J]．岩石力学与工程学报，2015，34（02）：238-248.

[2] 魏国营，姚念岗．断层带煤体瓦斯地质特征与瓦斯突出的关联 [J]．辽宁工程技术大学学报（自然科学版），2012，31（05）：604-608.

[3] 王刚．煤与瓦斯突出后的灾变损害及破坏特征 [D]．山东科技大学，2008.

[4] 王刚，沈俊男，褚翔宇，等．基于CT三维重建的高阶煤孔裂隙结构综合表征和分析 [J]．煤炭学报，2017，42（08）：2074-2080.

[5] 王刚，王锐，武猛猛，等．火区下近距离煤层开采有害气体入侵灾害防控技术 [J]．煤炭学报，2017，42（07）：1765-1775.

[6] 武猛猛，王刚，王锐，等．浅埋采场上覆岩层孔隙率的时空分布特征 [J]．煤炭学报，2017（S1）：112-121.

[7] 王刚，程卫民，孙路路，等．煤与瓦斯突出的时间效应与管理体系研究 [J]．西安科技大学学报，2012，32（05）：576-580+597.

[8] 王伟，程远平，袁亮，等．深部近距离上保护层底板裂隙演化及卸压瓦斯抽采时效性 [J]．煤炭学报，2016，41（01）：138-148.

[9] 张小东，张子戌．煤吸附瓦斯机理研究的新进展 [J]．中国矿业，2008（06）：70-72+76.

[10] 李子文．低阶煤的微观结构特征及其对瓦斯吸附解吸的控制机理研究 [D]．中国矿业大学，2015.

[11] 曹国华，田富超，郝从娜．地质构造对寺河矿煤层瓦斯赋存规律的影响分析 [J]．煤炭工程，2009（03）：57-60.

[12] 李文璞．采动影响下煤岩力学特性及瓦斯运移规律研究 [D]．重庆大学，2014.

[13] 刘林．下保护层合理保护范围及在卸压瓦斯抽采中的应用 [D]．中国矿业大学，2010.

[14] 王恩营．高瓦斯矿井煤与瓦斯突出区域预测瓦斯地质方法 [J]．煤矿安全，2006（10）：42-44.

[15] 王刚，程卫民，郭恒，等．瓦斯压力变化过程中煤体渗透率特性的研究 [J]．采矿与安全工程学报，2012，29（05）：735-739+745.

7 急倾斜煤层水平分层开采工作面瓦斯涌出量预测方法研究

7.1 急倾斜煤层水平分层开采工作面瓦斯涌出量预测研究意义

瓦斯涌出量预测是实行矿井、采区、水平通风设计、瓦斯管理和瓦斯抽采设计的关键因素。瓦斯涌出量预测作为一种重要的技术手段，其预测是否准确及其准确程度都严重影响着矿井的安全生产和经济效益，因而，瓦斯涌出量预测对于矿井安全生产具有不可忽视的意义。

我国"十一五"期间，随着采煤装备以及采煤工艺的进步以及相关学科的发展，综合机械化采煤工艺逐步取代落后的炮采、高档普采等回采工艺。机械化水平的提高大幅地提高了工作效率，同时又减轻了从业人员的作业强度，更易实现矿井高产、高效开采。瓦斯灾害是影响煤矿安全生产的主要因素，一直以来是矿业领域研究的重点。我国煤矿瓦斯灾害严重，据统计，由瓦斯引起的安全事故占煤矿生产总事故的80%以上。

在生产实践过程中，综采放顶煤开采强度大和推进速度较快导致了工作面瓦斯涌出复杂、瓦斯涌出量大和瓦斯涌出量不均匀等情况，从而使瓦斯事故率增加，特别是瓦斯超限事故表现尤为突出。为减少工作面瓦斯事故的发生或进一步消除瓦斯事故，研究工作面的瓦斯涌出规律及预测工作面瓦斯涌出量是一个矿井解决采煤工作面瓦斯事故的重要举措。为更好地保证矿井的安全生产，国内的许多专家学者开展了工作面瓦斯涌出量预测、工作面瓦斯涌出规律的研究。对前人对回采工作面瓦斯涌出量预测及瓦斯涌出规律研究总结发现，大多数学者进行的工作面瓦斯涌出规律及涌出量预测的研究是建立在单一煤层或水平、近水平、缓倾斜煤层开采基础上，而针对急倾斜煤层综放工作面瓦斯涌出规律及涌出量预测方面研究甚少。目前，尚未有一套行业认可的瓦斯涌出量预测方法可直接应用在急倾斜煤层水平分层开采工作面。即使有部分学者对瓦斯涌出量预测方法开展了研究，其得到的瓦斯涌出模型也存在实用性和可操作性不强的缺点。由于急倾斜煤层水平分段综放开采工作面的开采工艺、矿压分布及瓦斯涌出源的复杂性和特殊性，致使工作面瓦斯涌出与水平以及缓倾斜煤层开采存在很大区别。

乌东煤矿 43 号、45 号煤层均为特厚煤层，煤层平均倾角 45°，采用综采放顶煤开采工艺，其采放比较大。目前，回采 +575 m 水平，瓦斯灾害已经逐渐显现，随着开采深度的增加，煤层瓦斯压力、含量增大，瓦斯灾害程度的增加势必影响后期深水平开采，直接影响到矿井安全生产和经济效益。因而，针对该类型的工作面建立一种合理、相对准确的瓦斯涌出量预测方法是今后有效解决瓦斯灾害的必经之路。瓦斯涌出量预测可为矿井采取高效、合理的瓦斯灾害治理措施提供理论基础和现实依据。

7.2　常用瓦斯涌出量预测方法介绍

瓦斯涌出量预测的实质是根据搜集的一些有关的已知数据，采用某种方法，分析探索其规律，最终预先估算出矿井或区域瓦斯涌出量的大小。工作面瓦斯涌出量预测方法很多，目前，广泛应用的预测方法主要有 3 种：一是主要适用于预测地质条件简单、以数理统计为基础的矿山统计法；二是以煤层瓦斯含量为基本预测参数的瓦斯含量法；三是广泛用于新建矿井的分源预测法。

7.2.1　矿山统计法

矿山统计法多用于生产矿井，主要适用于一些地质条件简单的矿井。矿山统计法以数理统计为基础，其实质是对本矿井或邻近矿井积累的丰富的实测瓦斯资料进行统计，分析探索矿井瓦斯涌出量和开采深度之间的关系，进而确定矿井瓦斯涌出量随开采深度变化的统计规律，最终将其统计规律应用于推算新水平、新区域或邻近新矿井的瓦斯涌出量。

矿山统计法主要适用于 3 种情况：矿井生产水平的延深、新区域的开采和相邻近未开采的新矿井。采用矿山统计法预测瓦斯涌出量时，其中最关键的是生产区和预测区两者开采技术条件和地质条件的相似程度。两者的开采技术条件，如煤层开采顺序、采煤方法、工作面顶板控制等；地质条件，如地质构造、煤层赋存条件、煤质等需要相同或类似。一般情况下，如果生产区和预测区在一个生产采区，而且两者的回采工艺相同，地质条件也相似，则就可采用矿山统计法进行瓦斯涌出量的预测。应用矿山统计法时，其外推范围一般沿垂深不超过 100~200 m，沿煤层倾斜方向不超过 60°。但当开采技术条件和地质条件其中之一发生改变时，即使生产区和预测区在同一矿井，此时，也不能采用矿山统计法对深部区域进行瓦斯涌出量预测。

采用矿山统计法预测瓦斯涌出量时，不但需要有足够大的样本空间作为瓦斯涌出量预测的基础性资料，而且要求预测区和生产区的煤层开采技术条件和地质条件相同或类似。如果两者的任意条件得不到满足，都会导致预测值与实际值严重偏离甚至完全不符。因此，矿山统计预测法存在以下不足。

（1）统计法只适用于瓦斯带以下已回采了1~2个水平的矿井，而且其外推深度不能超过100~200 m，当煤层倾角和瓦斯涌出量梯度值越小时，外推深度也应相应的越小，否则误差可能很大，导致预测值与实际不符。

（2）统计法需要积累大量基础性的瓦斯涌出量资料，最少要有一年以上。积累的瓦斯涌出量资料越多，其预测精度就越高；已采水平（或区域）与新设计水平（或区域）的瓦斯地质情况和开采技术条件越相似，其预测的精度也就越高。否则，应该按照相似程度进行分区预测或是根据有关资料进行相应的修正，以求预测精度的准确性。

7.2.2　煤层瓦斯含量法

煤层瓦斯含量法是按照煤层瓦斯含量与采后煤炭的残余含量来计算相对瓦斯涌出量。它具体可以描述为当平均每采一吨煤时，各个瓦斯源涌出的瓦斯的总和即采区的相对瓦斯涌出量。煤层瓦斯含量法是以煤层瓦斯含量作为预测瓦斯涌出量基础，其实质是在进行瓦斯涌出量预测之前，根据已知的煤层瓦斯含量点绘制出煤层瓦斯含量等值线，进而计算预测区域内的煤层瓦斯涌出量。

这种方法既考虑了煤层瓦斯含量这个决定瓦斯涌出量大小的基本因素，又考虑了一些相关的地质因素和开采因素。如在地质因素方面，国内外不同的学者提出的预测公式都包括有开采煤层厚度、邻近煤层厚度、邻近层至开采层间距、煤层倾角等；在开采因素方面，多数方法都用到了煤层的开采厚度和顶板控制方法，有些还考虑了采出率、分层开采的层数和开采顺序等对瓦斯涌出的影响。目前，存在的问题是还没有形成统一的、公认的预测公式。由于各种方法在确定各涌出源的瓦斯涌出率时所考虑的影响因素不同，或采用的物理模型不一样，因而形成了不同的计算公式。对同一矿井采用不同的瓦斯含量法，其预测结果相差较大。另一方面，由于瓦斯含量法以煤层瓦斯含量作为预测的基础依据，因而，对煤层瓦斯含量测定值的可靠性和含量点的分布及密度有较高的要求。如果预测区内只有很少的瓦斯含量测定点（这种情况是比较普遍的），那么第一步的瓦斯含量预测就不可靠，由此而进行的瓦斯涌出量预测，其精度将难以保证。

7.2.3　分源预测法

含瓦斯煤层在开采时，受采动影响，赋存在煤层及围岩中的瓦斯平衡状态遭到破坏，破坏带内的瓦斯沿着裂隙、空隙通道涌入工作面。井下涌出瓦斯的地点即为瓦斯涌出源。瓦斯涌出源的多少、各涌出源涌出瓦斯量的大小直接决定着矿井瓦斯涌出量的大小。分源预测法是以矿井各个瓦斯涌出源的瓦斯含量作为瓦斯涌出量预测基础，其实质是根据矿井生产过程中不同的瓦斯来源、各个涌出源瓦斯涌出量的大小及各个瓦斯源的涌出规律，结合煤层赋存条件和开采技术条件，对矿井各工作面瓦斯涌出量进行预测，达到预测工作面或全矿井瓦斯涌出量的目的。

分源预测法以矿井各个瓦斯涌出源的瓦斯含量为瓦斯涌出量预测基础。使用分源预测法预测瓦斯涌出量时，需要同时考虑以下两个方面的因素：煤层瓦斯含量和与煤层相关的一些地质自然因素（如地质构造、煤层倾角等煤层赋存条件）和开采技术因素（如采煤方法、采煤工艺、生产工序等）。其中煤层瓦斯含量是影响瓦斯涌出量大小的主要因素。此外，国内外的一些专家在对瓦斯涌出量进行分析预测时，提出的公式中反映了瓦斯涌出量和地质自然因素（如煤层的倾角、开采煤层的厚度等）的关系。目前，被广泛接受的矿井瓦斯涌出的构成关系如图 7-1 所示。

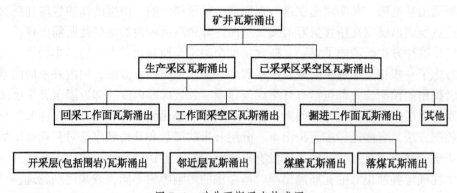

图 7-1　矿井瓦斯涌出构成图

分源预测法适用于对新建矿井、生产矿井的水平延深、新设计采区以及采掘工作面进行瓦斯涌出量预测。即使预测矿井周边没有条件相近的矿井瓦斯涌出资料作为参考，它同样能够根据采场变化进行定量预测，实现对新建矿井的预测。分源预测法比其他方法具有更广泛的适用性，因此，目前通常用分源预测法对新建矿井进行瓦斯涌出量。此外，分源预测法可以为新建矿井、老井改造的通风设计和瓦斯管理及煤层气资源评估提供科学依据。分源预测法的一部分参数是根据某些矿区在现场实测得到，取值具有了随意性，且有一些公式是经验公式，预测结果有不确定的成分。总的来说，煤层瓦斯含量、采掘工艺、煤层赋存条件和预测系统是分源预测法预测瓦斯涌出量的主要误差引入。其中，煤层瓦斯含量及其分布控制点是预测的关键，为提高预测精度，应该加强瓦斯含量控制程度和改进测定工艺。煤层开采技术条件是分源预测法预测瓦斯涌出量的基础，当矿井由于煤层开采技术条件发生较大变化时，矿井实际的瓦斯涌出量与矿井瓦斯涌出量预测值之间的误差可能会扩大。因此，为提高预测精度，应根据实际的煤层瓦斯含量和其开采技术条件用分源预测法及时修正。

7.2.4 方法比较

通常在生产实际中，预测矿井生产水平的延深、新区域的开采还有相邻未开采的新矿井的瓦斯涌出量时采用矿山统计法。矿山统计法需要足够大的样本空间，即本矿井或邻近矿井积累的丰富的实测瓦斯资料，且最重要的是生产区和预测区的相似程度。以上两点缩小了实际使用矿山统计法预测瓦斯涌出量时的适用范围，其应用范围是有限的。上述两个重要条件，一个得不到满足，预测值与实际值可能会严重偏离甚至完全不符。在生产实践中，采用瓦斯含量计算法预测瓦斯涌出量时，能够阐明瓦斯的不同来源，但是要想使煤层瓦斯含量测定值、含量点的分布和密度达到一定的准确性有一定的困难。在现场实施中，应用比较困难，误差大，难保证其预测精度。分源预测法主要适用于新建矿井、新设计采区以及采掘工作面的瓦斯涌出量预测。它结合煤层赋存条件和开采技术条件，根据矿井生产过程中不同的瓦斯来源、各个涌出源瓦斯涌出量的大小及各个瓦斯源的涌出规律，对矿井各工作面瓦斯涌出量进行预测，达到预测工作面或全矿井瓦斯涌出量的目的。即使周边没有条件相近的矿井瓦斯涌出资料来参考，分源预测法仍可以根据采场变化进行定量预测，实现对新建矿井瓦斯涌出量的预测。分源预测法能够较全面地对瓦斯涌出量进行预测，具有普遍的适用性。

新疆维吾尔自治区急倾斜煤层分布广泛，采用水平分层开采矿井较多，鉴于目前缺少该条件下的瓦斯涌出量预测方法的标准，若利用现有标准进行预测存在一定缺陷。分源预测法具有普遍适用性，对新建矿井、矿井延深均适用，因此，在分源预测法的基础上完善急倾斜煤层水平分层开采瓦斯涌出量预测方法，建立适合乌东煤矿的瓦斯涌出量预测模型。首先，对分源预测法进行详细分析。

7.3 分源预测法在急倾斜煤层水平分层开采工作面的应用分析

7.3.1 现有分源预测法详述

根据目前分源预测法知，回采工作面的瓦斯涌出量主要由开采层瓦斯涌出量和邻近层瓦斯涌出量两部分组成。各部分瓦斯涌出量的大小是以煤层瓦斯含量、瓦斯涌出规律及煤层开采技术为基础进行计算的。分源预测法预测瓦斯涌出量主要是参考国家安全生产监督管理总局于 2006 年 2 月 27 日发布，2006 年 5 月 1 日开始实施的《矿井瓦斯涌出量预测方法》（AQ 1018—2006）。以下是分源预测法对回采工作面瓦斯涌出量的具体计算方法。

工作面瓦斯涌出总量：

$$q_{采} = q_1 + q_2 \tag{7-1}$$

式中　$q_{采}$——回采工作面相对瓦斯涌出量，m^3/t；

q_1——开采层相对瓦斯涌出量，m^3/t；

q_2——邻近层相对瓦斯涌出量，m^3/t。

1. 开采煤层（包括围岩）瓦斯涌出量

（1）薄及中厚煤层放顶煤开采可按厚煤层一次采全高开采进行计算。

瓦斯涌出量：

$$q_1 = K_1 \times K_2 \times K_3 \times \frac{m}{m_0} \times (X - X_C) \tag{7-2}$$

$$K_2 = \frac{1}{\eta} \tag{7-3}$$

$$K_3 = \frac{L - 2h}{L} \tag{7-4}$$

$$K_3 = \frac{L + 2h + 2b}{L + 2b} \tag{7-5}$$

式中　q_1——开采煤层（包括围岩）瓦斯涌出量，m^3/t；

K_1——围岩瓦斯涌出系数，与围岩岩性、围岩瓦斯含量及工作面顶板控制方法有关，一般按工作面顶板控制方法取值；全部陷落法管理顶板时，$K_1 = 1.20$；局部充填法时，$K_1 = 1.15$；全部充填法时，$K_1 = 1.10$；

K_2——工作面丢煤瓦斯涌出系数；

η——工作面采出率；

K_3——采区内准备巷道预排瓦斯对开采层煤体瓦斯涌出的影响系数。如无实测，当采用长壁后退式回采时，按式（7-4）确定；当采用长壁前进式回采时，如上部相邻工作面未采，按式（7-5）确定；

L——回采工作面长度，m；

h——巷道预排瓦斯带宽度，m；如无实测可以按照表7-1计算；

b——巷道宽度，m；

X——煤层原始瓦斯含量，m^3/t；

X_C——煤层残存瓦斯含量，m^3/t；

m——煤层厚度，煤层中间有夹矸层时，按夹矸层厚的1/2折算为煤层厚度，m；

m_0——煤层开采厚度，m。

表7-1 巷道预排瓦斯宽度值

巷道煤壁暴露时间/d	不同煤种巷道预排瓦斯宽度/m		
	无烟煤	瘦煤或焦煤	肥煤、气煤、长焰煤
25	6.5	9.0	11.5
50	7.4	10.5	13.0
100	9.0	12.4	16.0
150	10.5	14.2	18.0
200	11.0	15.4	19.7
250	12.0	16.9	21.5
300	13.0	18.0	23.0

注：1. h 值亦可以采用下式计算。

2. 低变质煤：$h = 0.8808 T^{0.55}$。

3. 高变质煤：$h = \dfrac{13.85 \times 0.0183 T}{1 + 0.0183 T}$。

（2）厚煤层分层开采时，开采层瓦斯涌出量计算采用（7-6）计算。

$$q_1 = K_1 \times K_2 \times K_3 \times K_{fi} \times (X - X_C) \qquad (7-6)$$

式中　K_{fi}——取决于煤层分层数量和顺序的分层瓦斯涌出系数，如无实测可按表7-2选取。

159

表7-2 分层开采K_{fi}值

分两层开采		分三层开采			分四层开采			
K_{f1}	K_{f2}	K_{f1}	K_{f2}	K_{f3}	K_{f1}	K_{f2}	K_{f3}	K_{f4}
1.504	0.496	1.820	0.692	0.488	1.800	1.030	0.700	0.470

2. 邻近层瓦斯涌出量

$$q_2 = \sum_{i=1}^{n} \frac{m_i}{m_0} \times \zeta_i (X_i - X_{ic}) \tag{7-7}$$

式中　q_2——回采工作面邻近层瓦斯涌出量，m^3/t；

　　　m_i——第i个邻近层的煤厚，m；

　　　m_0——开采煤层的开采厚度，m；

　　　X_i——第i个邻近层的瓦斯含量，m^3/t，如无实测可以参考开采层选取；

　　　X_{ic}——邻近层的残存瓦斯含量，m^3/t，如无实测可以参考开采层选取；

　　　ζ_i——第i个邻近层受采动影响的瓦斯排放率,%，如果无实测可以参照下述选取。

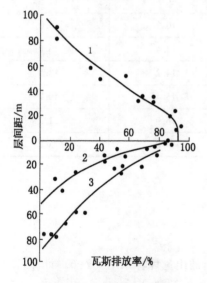

1—上邻近层；2—缓倾斜下邻近层；
3—倾斜、急倾斜下邻近层
图7-2 邻近层瓦斯排放率与层间距的关系

当邻近层为冒落带中，$\zeta_i = 1$；当采高小于4.5 m时，可以按照式(7-8)和参照图7-2计算；当采高大于4.5 m时，可以按照式（7-9）计算。

$$\zeta_i = 1 - \frac{h_i}{h_p} \tag{7-8}$$

式中　h_i——第i个邻近层与开采层之间的垂直距离，m；

　　　h_p——受开采层采动影响，邻近层能向工作面涌出卸压瓦斯的岩层破坏范围，m。

$$\zeta_i = 100 - 0.47 \frac{h_i}{M} - 84.04 \frac{h_i}{L} \tag{7-9}$$

式中　M——工作面采高，m；

　　　L——工作面长度，m。

7.3.2 现有分源预测在急倾斜煤层水平分层开采工作面的应用

根据+575 m 水平 45 号西工作面的参数情况以及《矿井瓦斯涌出量预测方法》（AQ 1018—2006）选取相关系数，煤层可解吸瓦斯含量是中煤科工集团重庆研究院实测残余煤层瓦斯含量平均值与残存瓦斯含量的差值。本煤层瓦斯预测结果见表 7-3。

表 7-3 本煤层瓦斯涌出量预测结果

煤层编号	围岩瓦斯涌出系数 K_1	工作面丢煤瓦斯涌出系数 K_2	开采层瓦斯涌出影响系数 K_3	开采层厚度 m/ m	工作面采高 M/ m	可解吸瓦斯含量/ ($m^3 \cdot t^{-1}$)	开采层相对瓦斯涌出量 q_1/($m^3 \cdot t^{-1}$)
45	1.2	1.3333	−0.2875817	25	25	1.15	−0.53

根据矿井煤层赋存情况，45 号煤层整体平均煤厚 27 m，但在+575 m 水平 45 号煤层西翼工作面平均为 22.0 m，距上邻近层 44 号煤层 48 m，44 号煤层厚度为 0.51 m；距上邻近层 43 号煤层 73 m；距下邻近层 46 号煤层 3.6 m，46 号煤层厚度为 0.61 m；距下邻近层 47 号煤层 15 m，47 号煤层厚度为 0.46 m。由于 43 号煤层与 45 号煤层同时开采，且二者间距较大，在此忽略 43 号煤层瓦斯涌出。依据标准对邻近层瓦斯涌出量预测结果见表 7-4，瓦斯涌出量预测汇总见表 7-5。

表 7-4 邻近层瓦斯涌出量预测结果

层位关系	煤层编号	煤层原始瓦斯含量 X_0/ ($m^3 \cdot t^{-1}$)	煤层残存瓦斯含量 X_C/ ($m^3 \cdot t^{-1}$)	邻近煤层平均厚度 m_i/m	与开采层间距/ m	开采层厚度 m_0/m	瓦斯排放率/ %	相对瓦斯涌出量 q_2/ ($m^3 \cdot t^{-1}$)
上邻近层	44	5.21	1.53	0.56	48.67		50	0.05
下邻近层	46	5.21	1.53	0.61	3.58	22	70	0.07
	47	5.21	1.53	0.46	15.00		60	0.05
合计								0.17

表7-5 瓦斯涌出预测汇总表

煤层名称	煤厚/m	可解吸瓦斯含量/($m^3 \cdot t^{-1}$)	相对瓦斯涌出量/($m^3 \cdot t^{-1}$)	备注
44	0.56	3.68	0.05	邻近层
45	22.00	1.15	-0.53	本煤层
46	0.61	3.68	0.07	邻近层
47	0.46	3.68	0.05	邻近层
合计			-0.36	

依据现有分源预测法对乌东煤矿急倾斜煤层分层开采工作面进行瓦斯涌出量预测，其工作面瓦斯涌出量预测结果为负值（-0.36 m^3/t），显然预测结果与生产实际不相符。

根据矿井瓦斯涌出量预测方法，结合急倾斜煤层水平分层开采工作面实际情况，发现将《矿井瓦斯涌出量预测方法》应用在该类工作面中主要存在以下几点难点：

（1）急倾斜煤层水平分层开采工作面长度为煤层在水平方向上的厚度，工作面长度较短，如按照《矿井瓦斯涌出量预测方法》计算采区内准备巷道预排瓦斯对开采层煤体瓦斯涌出的影响系数，常有出现影响系数为负数的情况出现。+575m水平45号西工作面长度为30.6 m，45号煤层长焰煤，巷道完成时间为2013年7月，开始回采时间为2014年2月，其巷道煤壁暴露时间约为200 d。根据相关标准得到巷道预排瓦斯宽度为19.7 m，回采工作面采用后退式回采时，有 $K_3 = (L-2h)/L$，即 $K_3 = (30.6-2 \times 19.7)/30.6 = -0.288$，$K_3$ 为负数，最终导致了回采工作面本煤层瓦斯涌出量为负值，与现场实际不符。

（2）根据急倾斜煤层回采工艺和工作面瓦斯涌出特点、瓦斯涌出来源的分析，相关标准缺少对开采分层下部煤体卸压瓦斯涌出量及顶部老空区瓦斯涌出预测的依据，特别是缺少下部煤体卸压瓦斯涌出量预测依据。

主要表现在：①急倾斜煤层在倾向方向上煤层瓦斯含量随埋深增加而增大。由于煤层自身瓦斯梯度的存在，在受上部煤层开采影响，回采工作面下部一定范围内煤体卸压瓦斯会不同程度地涌向采掘空间。单纯的以瓦斯含量定值计算卸压瓦斯涌出量则显得比较牵强，如若按照以等分高度确定瓦斯含量那么等分高度确定多少并没有明确的规定。②急倾斜煤层水平分层开采决定了其分层数不受煤层厚度限制，而是煤层埋藏深度及矿井开采深度决定的，如果煤矿开采深度较大，分层的数量可以是数十层。根据厚煤层分层开采瓦斯涌出量预测方法进行瓦斯涌出量预测存在难以取每个分层瓦斯涌出系数 K_{fi} 的困难，因此，按照分层开采进行瓦斯涌出量预测不可行。③在矿井瓦斯涌出量预测方法中，厚煤层水平分层开采无论是分 2 层还是分 3、4 层，上分层的 K_{fi} 值均大于下分层的 K_{fi} 值，究其原因是煤层厚度是有限的。上部煤层开采时下部煤层已卸压，进行了瓦斯释放，开采下分层时，瓦斯进一步释放。然而，急倾斜煤层水平分层开采，煤层在倾向上的厚度可看作是无限的。上部开采时，下分层瓦斯卸压释放，开采下分层时，下部煤体中的没有受到上分层开采影响的高瓦斯将向上部流动对上部煤体瓦斯进行及时补充。因此，理论上讲，对于急倾斜煤层，即使 K_{fi} 的变化与分层开采变化规律一致，但存在很大区别，并不能直接将分层开采的 K_{fi} 值应用，需要进一步研究。

（3）根据采矿卸压理论，煤层开采以后，其上覆岩层的破坏和移动将形成"竖三带"，即冒落带、裂隙带和弯曲下沉带。对于急倾斜煤层而言，主要表现为顶底板的膨胀变形，从而导致邻近煤层透气性增大。由于采掘空间负压通风作用，邻近煤层的卸压瓦斯在压差作用下，通过卸压形成的裂隙通道涌出采掘空间。除此之外，分层下部部分煤体也会受到采动影响，致使下部煤体含瓦斯通过采动裂隙流向工作空间，这部分瓦斯涌出源在现有矿井瓦斯涌出量预测方法中并没有计算依据。

（4）各矿区的煤层地质赋存条件、煤层物性参数以及开采相关参数不同，使得回采空间下部煤体的卸压范围、瓦斯涌出量不尽相同。因此，针对某一矿井水平分层开采工作面瓦斯涌出量计算应根据不同地区的煤层条件及地质特点进行调整、优化。

由于现行的瓦斯涌出量预测方法对急倾斜煤层水平分层开采工作面瓦斯涌出量预测并不适用，有必要开展该类工作面瓦斯涌出预测相关研究，建立急倾斜煤层水平分层工作面瓦斯涌出量预测方法，指导矿井瓦斯治理工作。进行该类工作面瓦斯涌出量预测研究对指导开采急倾斜煤层的高瓦斯、突出矿井进行瓦斯治理意义深远。

7.4 急倾斜煤层水平分层开采瓦斯涌出量预测模型

通过上述对急倾斜煤层水平分层开采工作面瓦斯涌出分析，急倾斜煤层水平分层采煤回采工作面瓦斯涌出量包含开采分层瓦斯涌出量、邻近层瓦斯涌出量以、开采分层下部煤体卸压瓦斯涌出量及上部老采空区的瓦斯涌出量。

$$q_采 = q_1 + q_2 + q_3 + q_4 \tag{7-10}$$

式中　$q_采$——回采工作面相对瓦斯涌出量，m^3/t；

　　　q_1——开采层相对瓦斯涌出量，m^3/t；

　　　q_2——邻近层相对瓦斯涌出量，m^3/t；

　　　q_3——开采层下部煤体相对瓦斯涌出量，m^3/t；

　　　q_4——上部老采空区相对瓦斯涌出量，m^3/t。

7.4.1　开采分层瓦斯涌出量

参考矿井瓦斯涌出量预测方法，结合一次采全高开采瓦斯涌出量预测，可以得到开采层瓦斯涌出量。

$$q_1 = K_1 \times K_2 \times \frac{m}{m_0} \times (X_0 - X_C) \tag{7-11}$$

$$K_2 = \frac{1}{\eta} \tag{7-12}$$

式中　q_1——开采煤层（包括围岩但不包括下部煤体）瓦斯涌出量，m^3/t；

　　　K_1——围岩瓦斯涌出系数，全部陷落法管理顶板，$K_1 = 1.20$；

　　　K_2——工作面丢煤瓦斯涌出系数；

　　　η——工作面采出率；

　　　X_0——原始煤层瓦斯含量，m^3/t；

　　　X_C——残存煤层瓦斯含量，m^3/t。

为了能够将瓦斯涌出预测量与实际涌出量进行对比分析，应选取真实有效的瓦斯涌出量数据。因乌东煤矿前两个月缺少对采空区埋管抽采量统计资料，故在选取实际的瓦斯涌出量数据时不考虑前两个月，2014 年 7 月部分时间段内因测量仪器测量值比实测值较高，也忽略该部分数据。采出率根据+575 m 水平 45 号煤层西翼综采工作面正常回采期间采出率计算平均值，煤层残余瓦斯含量按照中煤科工集团重庆研究院测定的残余瓦斯含量为准，残存瓦斯含量以取煤样至中煤科工集团重庆研究院实验室测定数据计算值为准。乌东煤矿+575 m水平 45 号煤层瓦斯涌出量预测结果见表 7-6。

表 7-6　乌东煤矿+575 m 水平 45 号煤层瓦斯涌出量预测结果

煤层编号	围岩瓦斯涌出系数 K_1	采出率 η	工作面丢煤瓦斯涌出系数 K_2	开采层厚度 m_0/m	工作面采高 M/m	原始瓦斯含量 W_0/$(m^3 \cdot t^{-1})$	残存瓦斯含量 W_C/$(m^3 \cdot t^{-1})$	开采分层相对瓦斯涌出量 q_1/$(m^3 \cdot t^{-1})$
45	1.2	0.4689	2.132651	22	22	2.68	1.53	2.95

7.4.2 邻近层瓦斯涌出量

邻近层的煤层瓦斯涌出量可以参考《矿井瓦斯抽采指标》（AQ 1026—2006）计算。

$$q_2 = \sum_{i=1}^{n} \frac{m_i}{m_0} \times \zeta_i (X_i - X_{ic}) \qquad (7\text{-}13)$$

式中　q_2——回采工作面邻近层瓦斯涌出量，$\mathrm{m^3/t}$；

m_i——第 i 个邻近层的煤厚，m；

m_0——开采煤层的开采厚度，m；

X_i——第 i 个邻近层的瓦斯含量，$\mathrm{m^3/t}$，如无实测可以参考开采层选取；

X_{ic}——邻近层的残存瓦斯含量，$\mathrm{m^3/t}$，如无实测可以参考开采层选取；

ζ_i——第 i 个邻近层受采动影响的瓦斯排放率，%，如无实测参考图7-3选取。

邻近层瓦斯涌出预测结果见表7-7。

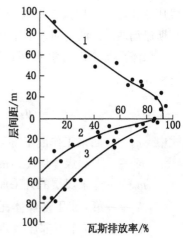

1—上邻近层；2—缓倾斜下邻近层；
3—倾斜、急倾斜下邻近层

图 7-3　邻近层瓦斯排放率
与层间距的关系

表7-7　邻近层瓦斯涌出量预测结果

层位关系	煤层编号	煤层原始瓦斯含量 X_0/$(\mathrm{m^3 \cdot t^{-1}})$	煤层残存瓦斯含量 X_C/$(\mathrm{m^3 \cdot t^{-1}})$	邻近煤层平均厚度 m_i/m	与开采层间距/m	开采层厚度 m_0/m	瓦斯排放率/%	相对瓦斯涌出 q_2 量/$(\mathrm{m^3 \cdot t^{-1}})$
上邻近层	44	5.21	1.53	0.56	48.67		50	0.05
下邻近层	46	5.21	1.53	0.61	3.58	22	70	0.07
	47	5.21	1.53	0.46	15.00		60	0.05
合计								0.17

7.4.3 开采分层下部煤体瓦斯涌出

开采分层下部煤体的瓦斯涌出与邻近层瓦斯涌出原理相似，不同之处是下部煤体与上部煤体之间并不存在岩层。相同之处是瓦斯涌向工作面均是由于开采分层回采工作面的回采，造成煤岩原岩应力的二次分布，从而直接影响煤岩中的裂隙的二次分布、发育；在下部煤体瓦斯压力与回采工作面的通风负压形成压差作用下，以采动煤岩裂隙及原岩孔隙、裂隙为构成的孔隙、裂隙系统为瓦斯流动通道，涌向回采工作面。正是二者之间具有存在极大共同特点，因此，下部煤体瓦斯涌出可参考邻近层瓦斯涌出计算公式建立下部煤体瓦斯涌出计算式。

$$q_3 = \sum_{i=1}^{n} \frac{m_i}{m_0} \times \lambda_i (X_i - X_{ic}) \tag{7-14}$$

式中　q_3——回采工作面下部卸压瓦斯涌出量，m^3/t；

　　　m_i——下部煤体煤厚，m；

　　　m_0——开采煤层的开采厚度，m；

　　　X_i——第 i 个下部煤体瓦斯含量，m^3/t；

　　　X_{ic}——第 i 个下部煤体残存瓦斯含量，m^3/t；

　　　λ_i——第 i 个下部煤体受采动影响的瓦斯排放率，%。

为了研究开采分层下部煤体瓦斯涌出情况，主要针对瓦斯涌出的极限范围，采用数值分析以及直接测定煤层瓦斯含量的方法确定采动影响范围，即瓦斯涌出极限范围。现场具体做法是在回采工作面开采前及开采后分别在工作面下部煤体不同距离测定煤层瓦斯含量，对比观测分析采前、采后瓦斯含量的变化及变化的幅度。根据相对变化幅度，判定煤层开采对下部煤层的采动影响范围。现场测定钻孔的整体布置如图 7-4 所示，单孔布置分别如图 7-5 至图 7-9 所示，钻孔参数见表 7-8，瓦斯含量测定结果见表 7-9。

表7-8　瓦斯含量测定钻孔参数表　　　　　　　　　　　　　　　　　　　　(°)

钻孔编号	地　点	偏角	倾角	备注
Cq1	+500 m 水平 45 号西翼南巷往里 45 m 处	45	38	
Ch1	+500 m 水平 45 号西翼南巷往里 128 m 处	78	38	
Ch2	+500 m 水平 45 号西翼南巷往里 163 m 处	78	45	
Ch3	+500 m 水平 45 号西翼南巷往里 175 m 处	78	40	
Ch4	+500 m 水平 45 号西翼南巷往里 181 m 处	78	42	

注：偏角是指巷道走向与钻孔之间的夹角。

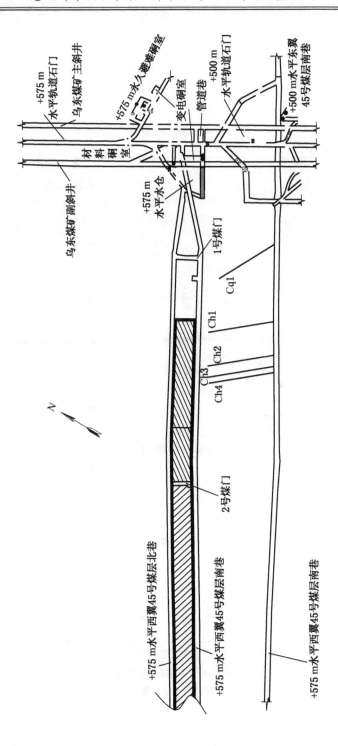

图7-4　采前、采后煤层瓦斯含量测定点钻孔综合布置图

167

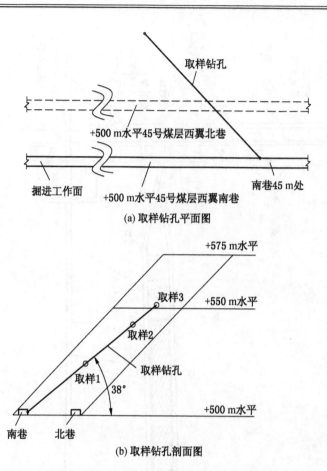

图 7-5　终采线之前瓦斯含量测定钻孔布置图

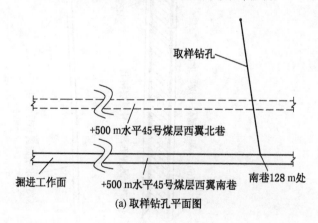

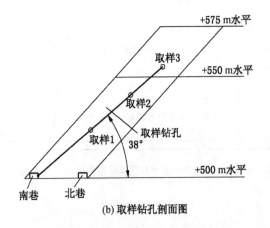

(b) 取样钻孔剖面图

图 7-6 终采线之后瓦斯含量测定钻孔布置 1 图

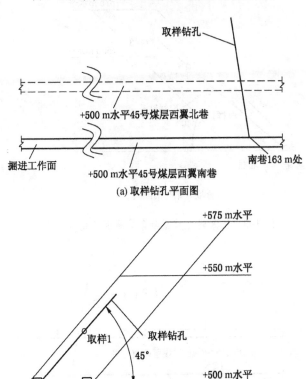

(a) 取样钻孔平面图

(b) 取样钻孔剖面图

图 7-7 终采线之后瓦斯含量测定钻孔布置 2 图

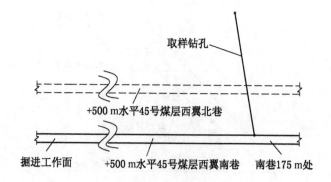

(a) 取样钻孔平面图

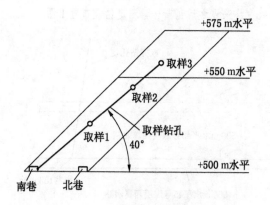

(b) 取样钻孔剖面图

图 7-8　终采线之后瓦斯含量测定钻孔布置 3 图

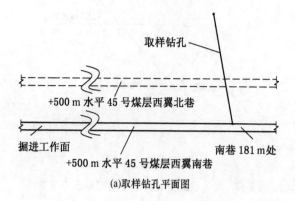

(a)取样钻孔平面图

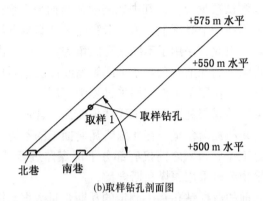

(b)取样钻孔剖面图

图7-9 终采线之后瓦斯含量测定钻孔布置4图

表7-9 采前、采后含量测定钻孔参数表

	编号	地　点	采样深度/m	对应标高/m	与终采线水平距离/m	可解吸瓦斯含量/ ($m^3 \cdot t^{-1}$)	瓦斯含量/ ($m^3 \cdot t^{-1}$)	备注
采前	Cq1	+500 m 水平 45 号西翼南巷往里 45 m 处	37.0	522.78	53.48	4.35	5.68	
			67.0	541.25	32.62	3.47	5.00	
			83.3	551.28	21.10	3.43	4.76	
采后	Ch1	+500 m 水平 45 号西翼南巷往里 128 m 处	35.0	524.75	-10.28	4.03	5.57	
			67.0	547.38	-16.93	3.06	4.59	
			82.0	557.98	-20.05	2.51	4.04	
	Ch2	+500 m 水平 45 号西翼南巷往里 163 m 处	33.0	520.32	-44.86	3.98	5.51	57 m 处塌孔
	Ch3	+500 m 水平 45 号西翼南巷往里 175 m 处	33.0	521.21	-56.86	3.91	5.44	
			67.0	543.07	-63.93	3.28	4.81	
			87.0	555.92	-68.09	2.81	4.34	
	Ch4	+500 m 水平 45 号西翼南巷往里 181 m 处	40.0	526.77	-64.32	3.42	4.95	43 m 与抽采孔串孔

注：与终采线距离以靠主井为正，即以回采方向为正。

通过对表7-9测试数据分析，其中忽略因瓦斯抽采不均造成的影响，由于钻孔所取煤样基本不在一个高度上，为了考察受采动影响下煤层卸压在同一高度上不均匀的规律，因此，采用了不同钻孔倾角进行考察。由于 Ch4 钻孔与瓦斯抽采钻孔贯通且测定的瓦斯含量与基本同等高度煤层瓦斯含量较小，忽略该数据。值得说明的是，在回采工作面回采过程中下部煤体进行了预抽工作，因而并不能直接根据原始煤层瓦斯含量来代替采前瓦斯含量，而应该将终采线之前的瓦斯含量作为采前瓦斯含量，在此忽略瓦斯抽采的不均匀带来的瓦斯含量测定的误差。但是工作面回采之前仅有部分下部煤体进行了瓦斯预抽，因此，在进行瓦斯涌出量预测时采用原煤瓦斯含量。

通过终采线之前的取样钻孔 Cq1 测定的瓦斯含量数据与标高对应的关系如图 7-10 所示，数量关系式为式（7-15）。通过式（7-15）计算得到与 Ch1、Ch2、Ch3 瓦斯含量数据见表7-10。

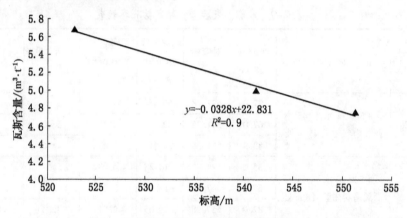

图 7-10　瓦斯含量与标高关系图

$$y = -0.0328x + 22.831 \tag{7-15}$$

式中　y——煤层瓦斯含量，m^3/t；

　　　x——煤层标高，m。

Ch1 钻孔与 Ch3 钻孔是取样最长的两个钻孔，区别在于两个钻孔煤层倾角不同，Ch1 钻孔在+557 m 水平更加的靠近煤层底板侧，其 Ch1 在+557 m 水平测定的煤层瓦斯含量与理论瓦斯含量之间误差为 10.8%；而 Ch3 钻孔在+555 m水平取样钻孔靠近煤层顶板侧，其理论煤层瓦斯含量与实测煤层瓦斯含量之间的误差为 5.6%，这说明煤层底板侧采动影响深度大于顶板侧采动影响深度。如果将二者之间的误差大于 5% 作为受到采动影响，Ch1 钻孔+547 m

水平的含量误差为 5.9%，可以看出采动影响深度在靠近底板侧达到 30 m 左右；而根据 Ch3 钻孔在 +543 m 水平取样理论与实测误差 4.2%，则该深度没有受到采动影响。以上实测数据对前期数值模拟结果进行了较好的验证。

表 7-10　理论瓦斯含量与实测瓦斯含量分析表

编号	采样深度/ m	采样标高/ m	理论煤层瓦斯 含量/($m^3 \cdot t^{-1}$)	实测煤层瓦斯 含量/($m^3 \cdot t^{-1}$)	误差/ %	备注
Ch1	35	524.75	5.62	5.57	0.9	
	67	547.38	4.88	4.59	5.9	
	82	557.98	4.53	4.04	10.8	
Ch2	33	520.32	5.76	5.51	4.4	
Ch3	33	521.21	5.68	5.44	4.1	
	67	543.07	5.02	4.81	4.2	
	87	555.92	4.60	4.34	5.6	
Ch4	40	526.77	5.55	5.15	7.3	舍去

　　瓦斯排放率是指受采动影响的残余瓦斯含量与原始煤层瓦斯含量之间的比值。根据之前的描述 +575 m 水平 45 号煤层西翼工作面瓦斯含量为 5.21 m^3/t，残存瓦斯含量为 1.53 m^3/t，因此瓦斯排放率为 29.37%。根据上述研究可以认为，乌东煤矿受上部煤层开采，下部采动影响深度在 30 m 左右且瓦斯排放率在 10% 左右。在此假设，瓦斯排放率在沿着煤层深度上呈现线性分布，则可以得到如图 7-11 所示的下部煤体瓦斯排放率与距离开采层深度之间的关系。

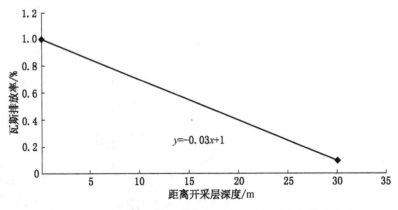

图 7-11　下部煤体瓦斯排放率与距离开采层深度之间的关系

$$\lambda_i = -0.03x + 1.0 \qquad (7-16)$$

式中　λ——下部煤体瓦斯排放率，%；

　　　x——下部煤体与开采水平的垂直距离，m。

上述排放率测定工作是在进行瓦斯抽采之后进行，而在工作面回采过程之前基本没有对下部煤体进行瓦斯抽采工作，根据 45 号煤层瓦斯含量与埋深的关系，可得到开采层下部煤体瓦斯含量与距离之间的关系。

$$X_i = 0.0163x + 5.21 \qquad (7-17)$$

式（7-16）是邻近层瓦斯涌出预测对下部煤体瓦斯涌出量预测的推广，下部煤体近似为均匀连续体，建立以下几何模型，如图 7-12 所示。分析下部煤体瓦斯涌出，假设距离开采分层 x 距离的垂直厚度为 $\mathrm{d}x$（沿倾斜厚度 $\dfrac{\mathrm{d}x}{\cos\alpha}$）煤体瓦斯含量 X_i 及排放率 λ_i，而下部煤体瓦斯含量以及卸压煤体瓦斯排放率均可用与开采层垂直距离的函数表示，在采矿专业可接受误差范围，假设二者均符合线性关系。

$$X_i = X_t x + X \qquad (7-18)$$

$$\lambda_i = -\frac{1}{h_p}x + 1.0 \qquad (7-19)$$

式中　X_i——开采分层下部深度为 x 煤体瓦斯含量，m³/t；

　　　x——距离开采分层距离，m；

　　　X_t——瓦斯含量梯度，（m³/t）·m；

　　　X——开采分层瓦斯含量，以最低标高瓦斯含量为准，m³/t；

　　　h_p——采动影响破坏深度，m。

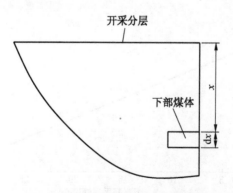

图 7-12　下部煤体涌出分析几何模型

结合式 (7-18) 和相应的几何模型, 整个下部煤层瓦斯涌出量可以表述为

$$q_3 = \sum_{i=1}^{\frac{h_p}{dx}} \frac{1}{M\sin\alpha} dx \lambda_i (X_i - X_C) = \int_0^h \frac{\lambda_i (X_i - X_C)}{M\sin\alpha} dx \qquad (7-20)$$

$$q_3 = \int_0^{h_p} \frac{1}{M\sin\alpha} \lambda_i (X_i - X_C) \, dx = \frac{1}{M\sin\alpha} \int_0^{h_p} (X_t x + X - X_C) \left(1 - \frac{1}{h_p}x\right) dx$$

$$= \frac{1}{M\sin\alpha} \left(\frac{(X - X_C)}{2}h_p + \frac{X_t}{6}h_p{}^2\right) \qquad (7-21)$$

式中　　M——水平分段高度, m;

　　　　X_C——残存煤层瓦斯含量, m^3/t;

　　　　α——煤层倾角, (°)。

根据乌东煤矿的实际情况, 依次对应可以得到乌东煤矿的对应系数: $M=25 X_t=0.0163$, $X=5.21$, $X_C=1.53$, $h_p=30$, $\alpha=45°$。代入式 (7-21) 得 $q_3=2.31$ m^3/t。

7.4.4　上分层老采空区瓦斯涌出量

受到急倾斜煤层水平分层开采工作面布置和采煤技术的限制, 开采分层的上一分层老空区有大量遗煤, 在工作面通风负压作用下, 老采空区瓦斯通过放煤产生的采动裂隙进入回采空间, 所以工作面瓦斯涌出还应包含老空区瓦斯涌出。由于老空区瓦斯涌出很难测定, 因此, 上分层老空区瓦斯涌出量应考虑工作面瓦斯涌出量系数。

$$q_4 = K'(q_1 + q_2 + q_3) \qquad (7-22)$$

式中　q_4——上分层老空区瓦斯涌出量, m^3/t;

　　　K'——老空区瓦斯系数, 无实测值, 参考取值 1.15~1.25, 通风管理水平高取低值, 通风管理水平低取高值。根据+575m 水平 45 号西工作面的情况取值 1.15。

因此, 预测采面瓦斯涌出量为

$$q_采 = K'(q_1 + q_2 + q_3) = 1.15 \times (2.95 + 0.17 + 2.31) = 6.24 \text{ m}^3/\text{t}$$

根据对工作面不同瓦斯涌出源的预测, 其得到工作面总的瓦斯涌出量为 6.24 m^3/t, 其中各部分的组成见表 7-11。

工作面绝对瓦斯涌出量与工作面产量成正比, 工作面产量越大, 其绝对瓦斯涌出量就越大, +575 m 水平 45 号煤层西翼工作面在不同产量下绝对瓦斯涌

表7-11 瓦斯涌出量构成

名称	涌出量/(m³·t⁻¹)	比例/%
开采分层	2.95	47.27
邻近层	0.17	2.72
下部煤体	2.31	37.03
上部老采空区	0.81	12.98
总数	6.24	100.00

出量预测结果可按式（7-23）计算。

$$q_{采j} = q_采 \times \frac{A}{1440} \qquad (7-23)$$

式中 $q_{采j}$——工作面绝对瓦斯涌出量，m^3/min；

$q_采$——工作面相对瓦斯涌出量，$6.24\ m^3/t$；

A——工作面日产量，t/d。

将本煤层相对瓦斯涌出量、邻近煤层、下部煤体相对瓦斯涌出量代入式（7-23），可以得到+575 m 水平 45 号煤层西翼工作面在不同产量情况下的绝对瓦斯涌出量，其预测结果见表7-12。

表7-12 绝对瓦斯涌出量预测结果

产量/(t·d⁻¹)	1000	1200	1400	1600	1800	2000	2200	2400	2600
瓦斯涌出量/(m³·min⁻¹)	4.33	5.20	6.07	6.93	7.80	8.67	9.53	10.40	11.27
产量/(t·d⁻¹)	2800	3000	3200	3400	3600	3800	4000	4200	4400
瓦斯涌出量/(m³·min⁻¹)	12.13	13.00	13.87	14.73	15.60	16.47	17.33	18.20	19.07
产量/(t·d⁻¹)	4600	4800	5000	5200	5400	5600	5800	6000	
瓦斯涌出量/(m³·min⁻¹)	19.93	20.80	21.67	22.53	23.40	24.27	25.13	26.00	

7.5 工作面实际瓦斯涌出量与预测值对比分析

根据对乌东煤矿在回采期间产量统计以及瓦斯涌出统计，其中舍弃 2014 年 2 月、3 月、7 月的数据，得到平均日产量为 2266.5 t，生产实际中瓦斯涌出量为 9.04 m³/min。将实际采出率以及日产量数据代入瓦斯涌出量预测模型得到瓦斯涌出量预测数据，并与实际瓦斯涌出量数据进行对比，对比见表

7-13。将日产量入预测模型得到预测的瓦斯涌出量为 9.82 m³/min。

表 7-13 工作面实际瓦斯涌出值与预测瓦斯涌出量对比

瓦斯涌出量预测方法	绝对量/(m³·min⁻¹)	预测误差/%
新建立瓦斯涌出量预测法	9.82	+8.63
标准的分源预测法	-0.57	-106.27
实际瓦斯涌出量	9.04	—

通过新建立的急倾斜煤层水平分层开采工作面瓦斯涌出量预测方法得到工作面瓦斯涌出量值与实际瓦斯涌出量的误差为+8.63%，说明建立的急倾斜煤层水平分层开采工作面瓦斯涌出量预测方法是合理的。

参 考 文 献

[1] 王刚，江成浩，刘世民，等．基于 CT 三维重建煤骨架结构模型的渗流过程动态模拟研究 [J]．煤炭学报，2018，43（05）：1390-1339.

[2] 韩军，张宏伟，霍丙杰．向斜构造煤与瓦斯突出机理探讨 [J]．煤炭学报，2008（8）：908-913.

[3] 王刚，武猛猛，程卫民，等．煤与瓦斯突出能量条件及突出强度影响因素分析 [J]．岩土力学，2015，36（10）：2974-2982.

[4] 王刚，沈俊男，褚翔宇，等．基于 CT 三维重建的高阶煤孔裂隙结构综合表征和分析 [J]．煤炭学报，2017，42（08）：2074-2080.

[5] 王刚，王锐，武猛猛，等．火区下近距离煤层开采有害气体入侵灾害防控技术 [J]．煤炭学报，2017，42（07）：1765-1775.

[6] 武猛猛，王刚，王锐，等．浅埋采场上覆岩层孔隙率的时空分布特征 [J]．煤炭学报，2017（S1）：112-121.

[7] 李文鑫，王刚，杜文州，等．真三轴气固耦合煤体渗流试验系统的研制及应用 [J]．岩土力学，2016，37（07）：2109-2118.

[8] 程卫民，孙路路，王刚，等．急倾斜特厚煤层开采相似材料模拟试验研究 [J]．采矿与安全工程学报，2016，33（03）：387-392.

[9] 王宏图，鲜学福，尹光表，等．煤矿深部开采瓦斯压力计算的解析算法 [J]．煤炭学报，1999（03）：57-61.

[10] 韩军，张宏伟，朱志敏，等．阜新盆地构造应力场演化对煤与瓦斯突出

的控制 [J]．煤炭学报，2007（09）：934-938.

[11] 刘俊杰，乔德清．对我国煤矿瓦斯事故的思考 [J]．煤炭学报，2006（01）：58-62.

[12] 王刚，武猛猛，王海洋，等．基于能量平衡模型的煤与瓦斯突出影响因素的灵敏度分析 [J]．岩石力学与工程学报，2015，34（02）：238-248.

8　急倾斜煤层煤与瓦斯共采成套技术体系

8.1　"瓦斯抽采是瓦斯治理之本、煤与瓦斯共采"理念

瓦斯抽采是防范瓦斯事故的治本之策，因此，在生产过程中必须努力实现抽采达标。瓦斯治理工作必须坚持标本兼治、重在治本。只有通过瓦斯抽采，从源头上降低煤层瓦斯含量和压力，才能降低煤层瓦斯涌出量，以达到从根本上治理瓦斯灾害的目的。始终坚持树立"治理瓦斯就是解放生产力、治好瓦斯就是发展生产力、煤与瓦斯共采"的理念；以"先抽后采，监测监控，以风定产"瓦斯治理方针为指导；坚持"落实责任，完善机制，加大投入，技术突破，强化装备"工作思路，构建高度平衡的"抽、钻、掘、采"关系；将"产、学、研、用"结合，努力提高矿井的瓦斯治理技术，完成矿井的瓦斯治理技术体系。

8.2　急倾斜煤层水平分层开采瓦斯抽采体系

目前，综采工作面瓦斯防治的方法主要有通过采用不同的工作面通风系统控制瓦斯积聚、脉冲通风治理上隅角瓦斯积聚、引排上隅角瓦斯或者通过风筒向上隅角送风、设置临时风障以及采取瓦斯抽采措施。矿井瓦斯抽采方法尚未在国内外形成统一分类，中国矿业大学俞启香教授在《矿井瓦斯防治》中将瓦斯抽采方法分为开采层抽采、邻近层抽采、采空区抽采和围岩抽采。于不凡教授在《煤矿瓦斯灾害防治及利用技术手册》中将瓦斯抽采方法分为未卸压煤层和围岩抽采、卸压煤层和围岩抽采、采空区抽采和综合抽采。为了解决常用煤矿瓦斯抽采方法与抽采应达到的指标二者存在的不相对应的问题，近年来中国矿业大学程远平教授将瓦斯抽采方法分为3个层次，第一层按照开采时间为划分依据分为采前抽采（预抽）、采中抽采（边采边抽）、采后抽采；第二层按照开采空间为划分依据分为本煤层、邻近层抽采，回采工作面、掘进工作面抽采，以及采空区抽采；第三层为具体瓦斯抽采方法，如穿层钻孔、顺层钻孔、采空区埋管抽采方法等。但是分析表明，瓦斯抽采方法不可能完全割舍开，这是因为通常一些抽采方法同时兼作为采前、采中，也有同时作为本

煤层的也同时作为邻近层的抽采方法，具体瓦斯抽采方法应该视情况而定。

在瓦斯治理、瓦斯抽采过程中应该根据瓦斯涌出来源对症下药选用合适的瓦斯治理措施进行治理。通过前期对乌东煤矿急倾斜煤层水平分层开采工作面的瓦斯涌出规律分析、瓦斯涌出量预测研究，得出乌东煤矿工作面瓦斯涌出主要来源是开采本分层和下部煤体瓦斯涌出，其涌出量占到整个涌出量的95%以上。生产实践表明，不可能通过单一的瓦斯抽采方法解决矿井瓦斯灾害问题，在实际生产过程中通常是采用多种瓦斯抽采方法组合的方式，实现对煤矿瓦斯的综合抽采。乌东煤矿瓦斯抽采应该是以煤层瓦斯预抽及卸压瓦斯拦截抽采和采空区瓦斯抽采措施为核心的立体化瓦斯抽采成套技术体系。成套技术体系如图8-1所示，抽采钻孔布置如图 8-2 所示。

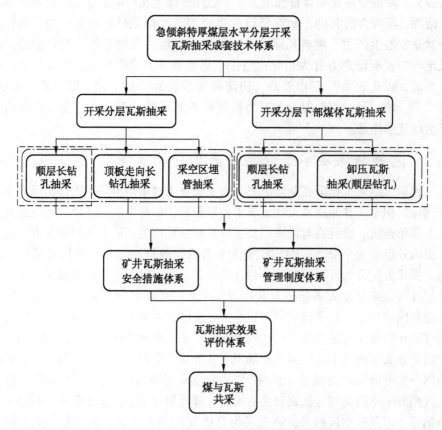

图 8-1　急倾斜煤层开采瓦斯抽采成套技术体系

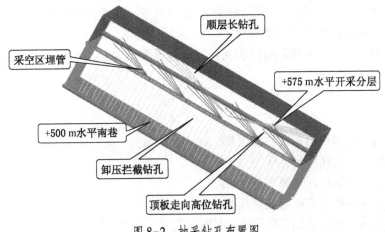

图 8-2　抽采钻孔布置图

8.3　顺层长钻孔预抽煤层瓦斯

根据抽采时间与采掘的关系，回采工作面瓦斯抽采又可分为预抽煤层瓦斯和边采边抽煤层瓦斯。

区域瓦斯治理措施主要是开采保护层和预抽煤层瓦斯，任何矿井进行瓦斯抽采时，预抽措施是最安全、可靠的，其作用至关重要。预抽煤层瓦斯需经历很长时间。预抽瓦斯措施的抽采效果主要取决于从煤体中向钻孔涌出瓦斯的强度和持续时间，两者主要取决于煤层瓦斯压力和透气性。因此，要提高煤层瓦斯抽采效果，就必须减小煤体的瓦斯压力、瓦斯含量，增加煤层的透气性。预抽煤层瓦斯的作用，就是通过一定数量的钻孔，经过一段时间的抽采，降低煤层的瓦斯压力、含量，从而使开采煤体的弹性能减小，煤体应力降低，相应地使煤体透气性增大，促进煤体瓦斯的排放，达到抽采达标，最终达到安全开采目的。预抽煤层瓦斯作用原理如图 8-3 所示。

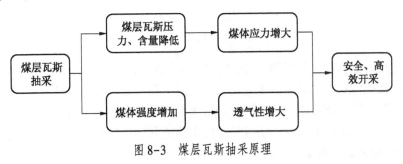

图 8-3　煤层瓦斯抽采原理

根据瓦斯流动理论，井下钻孔抽采煤层瓦斯，瓦斯在煤层中的流动可近似简化为径向流动和单向流动两种。

其中，径向流动的单位面积瓦斯涌出量可用式（8-1）计算。

$$q = \frac{\lambda}{R_1} \frac{p_0^2 - p_1^2}{\ln \dfrac{R_0}{R_1}} \tag{8-1}$$

式中　q——单位面积瓦斯涌出量，$m^3/(m^2 \cdot d)$；

　　　R_1——钻孔半径，m；

　　　R_0——钻孔瓦斯源半径，m；

　　　p_0——煤层中原始瓦斯压力，MPa；

　　　p_1——钻孔中的瓦斯压力，MPa；

　　　λ——煤层透气系数，$m^2/(MPa^2 \cdot d)$。

从式（8-1）中可以看出，钻孔瓦斯流量和煤体透气系数成正比，和瓦斯压力的平方差成正比，和钻孔半径的对数成反。根据式（8-1），可通过以下几种办法增加煤层的瓦斯流动，提高瓦斯抽采钻孔的抽采效果。

1. 改进布孔参数，增加钻孔暴露煤壁的面积

在抽采负压、煤层透气性等参数相同，钻孔瓦斯涌出速度不变或变化很小时，增加钻孔暴露煤壁的面积是提高顺层长钻孔预抽效果的有效方法。可以通过改进钻孔及布孔参数实现增加钻孔暴露煤壁的面积，包括增大钻孔直径、增加钻孔长度及增加钻孔密度。

1）增大钻孔直径

由式（8-1）知，当钻孔瓦斯流动半径 $R_0 = 10\ m$，其他参数不变时，若钻孔直径从 0.1 m 增大为 1.0 m，即钻孔孔径增大 10 倍，则钻孔瓦斯抽采流量的变化比率可用式（8-2）计算。

$$\frac{q_1}{q_{0.1}} = \frac{\ln \dfrac{10}{0.1}}{\ln \dfrac{10}{1}} = 2 \tag{8-2}$$

由此看出当钻孔直径增大 10 倍时，钻孔瓦斯抽采量仅增大 2 倍。因此，当钻孔直径自身比较大时，增大钻孔直径对钻孔瓦斯抽采量提升并不明显；尽管在一定范围内随着抽采钻孔孔径的增大瓦斯抽采量增加，但是当煤层钻孔直径很大时，打钻施工困难，钻机钻进的负荷成几何倍数增大。

2）加大钻孔密度

选择合理的钻孔间距，将取得较高的抽采量和较好的抽采效果。增加钻孔密度即是缩短钻孔间距，使得钻孔瓦斯流动场控制范围 R 减小，对于一个特定孔径的钻孔在一定时间内均有自己控制的钻孔瓦斯流动场范围，所以只有在流动场内相互不受干扰时，增加钻孔密度，才可经济有效地提高煤层瓦斯效果，不同钻孔间距的瓦斯流动情况如图 8-4 所示。

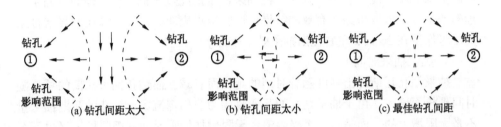

图 8-4 不同钻孔间距的抽采效果

对于特定的煤层，每个钻孔控制的瓦斯流动范围是有限的，一定程度上增加钻孔密度可显著提高瓦斯抽采效果；当钻孔密度达到一定程度时，对煤层也会起到一定的卸压作用。钻孔密度应根据开采煤层要求达到的抽采率、采场接替能够提供的允许抽采时间及在该时间内钻孔能达到的瓦斯流动场范围等综合因素来确定，以做到抽采效果最佳，经济上最合理。

3）增加钻孔的长度

增加钻孔长度，能够提高顺层钻孔的瓦斯抽采效果。这是因为随着钻孔深度增大，钻孔壁暴露面积增加，利于煤层中瓦斯涌入钻孔，从而提高了单孔瓦斯抽采量。在巷道掘进预抽中还可减少超前距离内无效钻孔的数量，提高钻孔的抽采效率和巷道掘进速度。顺层钻孔长度的增加是有限的，顺层钻孔施工长度受到煤层赋存以及施工装备和施工技术的影响。因此，在某种程度上讲，增加钻孔长度对提高瓦斯抽采量也是有限的，但是在现场条件具备的情况下，应该尽量布置长钻孔进行煤层瓦斯抽采。

2. 改进抽采工艺，提高抽采效果

提高封孔质量和抽采负压是提高钻孔预抽效果的有效途径。在顺层钻孔抽采瓦斯时，封孔质量是影响抽采效果的重要因素之一。为提高封孔质量，可以采用黄泥-水泥砂浆封孔，也可以采用机械注浆封孔，同时增大封孔长度，以提高封孔的效果。

在保证钻孔封孔质量的基础上，适当提高钻孔抽采负压对抽采效果具有积极的影响。有关试验研究表明，当煤体受到抽采负压的影响，瓦斯释放后，煤体发生收缩变形。如果煤的物理机械性质各向不同，则在收缩过程中，会导致煤体裂隙网络的变化，这样可以改变煤的透气性，从而提高煤层瓦斯的抽采效果。对于不同的煤层，其最佳抽采负压值也不相同。钻孔瓦斯抽采过程中，受管路和钻孔密封性的影响，负压过大会增加巷道空气量的漏入，且瓦斯抽采泵提高抽采负压的能力有限。因此，把抽采负压提高过大也是不合理的，确定合理的抽采负压可取得经济有效的结果。试验结果表明，对于未卸压的煤层抽采负压应保持在 26 kPa 左右瓦斯抽采效果较好。

3. 延长抽采时间

抽采钻孔瓦斯涌出强度随着时间的延长而衰减，而钻孔抽采瓦斯的总量随时间延长而增大。由于抽采钻孔的瓦斯流场为非稳定流场，钻孔的瓦斯抽采量不是无限增大的，而是有一个极限值，无限增加抽采时间其极限抽采量也不会增加。因此，为了使钻孔的瓦斯抽采量达到一定的要求，必须保证有必要的抽采时间，但抽采时间太长，对提高瓦斯抽采量作用不明显。合理地确定抽采时间既能得到相应的抽采效果又可节约经济，有必要对合理的抽采时间展开分析。

工作面瓦斯抽采时间确定常有两种方法，一种是以目前现有的瓦斯抽采参数为参考，根据需抽采的瓦斯总量计算抽采时间；另一种是根据实际的百米钻孔瓦斯抽采量，根据抽采量随抽采时间的衰减得出抽采时间。

研究表明，抽采钻孔的抽采流量与抽采时间符合负指数衰减规律，即满足式 (8-3)。

$$q_t = q_0 e^{-\alpha t} \tag{8-3}$$

式中　　t——抽采时间，d；

　　　　α——衰减系数，d^{-1}；

　　　　q_t——抽采时间为 t 时钻孔瓦斯抽采流量，m^3/min；

　　　　q_0——初始瓦斯抽采量，m^3/min。

对式 (8-3) 积分，可以得到任意时间 t 内钻孔抽采瓦斯总量 Q_t。

$$Q_t = \int_0^t q_t dt = \int_0^t q_0 e^{-\alpha t} dt = 1440 \times \frac{q_0}{\alpha}(1 - e^{-\alpha t}) \tag{8-4}$$

$$Q_J = \int_0^\infty q_t dt = \int_0^\infty q_0 e^{-\alpha t} dt = 1440 \times \frac{q_0}{\alpha} \tag{8-5}$$

式中　　Q_t——时间 t 内钻孔自然瓦斯涌出总量，m^3；

Q_J——钻孔极限抽采瓦斯量，m^3。

钻孔预抽瓦斯的合理抽采时间，根据钻孔瓦斯抽采时的衰减系数来确定，随着钻孔瓦斯衰减系数的增大，过分延长抽采时间其抽采效果并不好。为较好地表示合理抽采时间与衰减系数之间关系，可根据瓦斯抽采有效性系数来分段表示。

$$\bar{K} = \frac{Q_t}{Q_J} = (1 - e^{-\alpha t}) \qquad (8-6)$$

式中 $\bar{K}$——钻孔抽采有效性系数。

4. 提高煤层的透气性

煤层的透气性是影响钻孔预抽煤层瓦斯的主要因素之一，如果能采取切实有效的技术手段提高煤层的透气性，如利用煤层采动影响造成"卸压增透"作用，将大幅提高煤层瓦斯抽采效果。

综上分析认为，为了提高煤层瓦斯抽采效果，需要确定合理钻孔布孔间距、钻孔直径、钻孔的有效长度、抽采负压等工艺参数，适当地延长钻孔抽采时间，采取有效的方法提高煤层的透气性，并确保钻孔的封孔质量以及抽采管路的密封性。

8.4 顶板走向高位钻孔瓦斯抽采

顶板走向高位钻孔瓦斯抽采（主要是顶板裂隙带瓦斯抽采）主要是利用综采工作面回采动压形成的顶板裂隙通道来抽采采空区上方冒落带顶部的高浓度瓦斯（开采分层、下部煤体涌出的瓦斯及邻近层越流的瓦斯）。

随工作面的回采，在工作面周围形成一个动态的采动压力场，在采场垂直方向形成3个带，即冒落带、裂隙带和弯曲下沉带；在沿煤层走向方向形成3个区，即煤壁支撑影响区、离层区和重新压实区。采动应力场中形成的采动裂隙，成为瓦斯流动的通道，使得高位钻孔在瓦斯压力和抽采负压的作用下抽出卸压瓦斯。顶板走向高位钻孔抽采卸压瓦斯的布孔方式是用长钻孔代替顶板走向瓦斯抽采专用巷道（高抽巷）的抽采方式，可减少岩石巷道掘进工程量，从而有降低成本的作用。在煤层裂隙带位置布置钻孔，待工作面采至钻孔位置，顶板发生垮落，采空区瓦斯在自身浮力作用下涌入裂隙带，高位钻孔方可进行瓦斯抽采。高位钻孔瓦斯抽采关键在于准确确定裂隙带分布情况，不可过高或过低，过高则瓦斯抽采量小，过低则会造成瓦斯浓度偏低或岩体冒落切断钻孔而使抽采效果明显降低。顶板走向高位钻孔瓦斯抽采作用原理如图8-5所示。

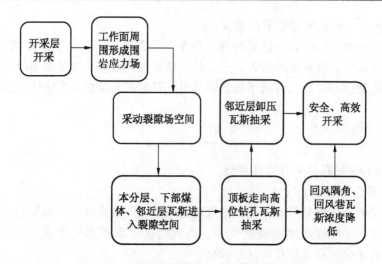

图 8-5　顶板走向高位钻孔瓦斯抽采作用原理

8.5　采空区埋管瓦斯抽采

8.5.1　采空区埋管抽采技术

采空区埋管抽采瓦斯（本分层、下部卸压煤体涌出的瓦斯及邻近层越流的瓦斯），即在回风巷铺设一条瓦斯抽采管道，管路接至工作面采空区。随着工作面的推进，瓦斯抽采管道的一端逐渐被埋入采空区，每隔一定距离设一个三通，并安装阀门。采空区埋管抽采主要目的是防止采空区瓦斯在回风隅角附近区域积聚，防止瓦斯事故的发生。工作面采空区埋管瓦斯抽采作用原理如图 8-6 所示。

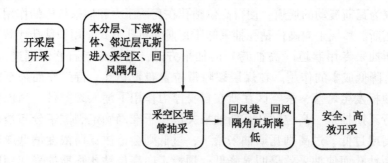

图 8-6　工作面采空区埋管瓦斯抽采作用原理

8.5.2 均压调节技术

工作面下部及邻近层卸压瓦斯涌向采空区，同时采空区遗煤产生瓦斯，因此，在采空区积存了大量的瓦斯。在工作面通风负压作用下，工作面和采空区形成压差，处于正压状态的采空区瓦斯会涌向回采工作面，使工作面瓦斯涌出量增大，从而可能造成回风巷以及回风隅角瓦斯超限。另外一方面，45 号煤层属于易自燃煤层，均匀通风能够有效减小工作面漏风量，可抑制煤层自燃。研究表明，采空区向工作面流动的煤层瓦斯同样具有扩散和渗流两种运动方式。

1. 瓦斯扩散流量

采空区向工作面扩散的瓦斯流量：

$$Q_k = K_{wp} D_{wp} S_y \frac{P(P_{A1} - P_{A2})}{R_p T_p Z_p P_{BM}} \tag{8-7}$$

式中　　　Q_k——单位时间内由采空区向回采工作面扩散的瓦斯的瓦斯流量，m^3/min；

　　　　　K_{wp}——气体的摩尔体积，$m^3/kmol$；

　　　　　D_{wp}——瓦斯在气体中的平均扩散系数，m^3/min；

　　　　　S_y——在扩散路径方向的平均有效扩散断面面积，m^2；

　　　　　P——气体压力，Pa；

　P_{A1}、P_{A2}——瓦斯在采空区内和回采工作面的分压力，Pa；

　　　　　R_p——平均气体常数，JK/kmol；

　　　　　T_p——气体平均温度，K；

　　　　　Z_p——平均扩散路径，m；

　　　　　P_{BM}——气体对数平均分压，Pa。

2. 瓦斯渗流流量

采空区与工作面存在压力差，假设采空区和回采工作面的压力差全部克服渗流阻力，则采空区向回采工作面的瓦斯流量：

$$Q_s = S_y C_p \sqrt{\frac{2(P_1 - P_2)}{\rho_p}} \tag{8-8}$$

式中　　　Q_s——压差作用下由采空区流向工作面的瓦斯流量，m^3/min；

　　　　　C_p——采空区平瓦斯浓度，%；

　P_1、P_2——采空区和工作面的压力，Pa；

ρ_p——平均气体密度，kg/m³。

3. 均压调节原理

在浓度差及压力差作用下，采空区向回采工作面瓦斯涌出量：

$$Q_{cs}=K_{wp}D_{wp}S_y\frac{P(P_{A1}-P_{A2})}{R_pT_pZ_pP_{BM}}+S_yC_p\sqrt{\frac{2(P_1-P_2)}{\rho_p}} \tag{8-9}$$

通过上式看出，采空区涌向工作面瓦斯流量与有效扩散断面、瓦斯浓度、采空区与工作面的压力差及扩散路径有关。均压调节技术主要是采取相关措施调节上述参数从而减少采空区瓦斯涌向回采空间。

利用采空区埋管抽采之后，采空区瓦斯流向回采工作面主要有两种情况：①埋管抽采强度大，采空区瓦斯基本不涌向工作面，但不经济，且易发生火灾；②抽采强度小或不进行抽采，采空区瓦斯从回风隅角进入回采工作面。因此，采取均压措施减少采空区瓦斯涌向工作面时，需要选择合理的瓦斯抽采参数。

8.6 卸压瓦斯拦截抽采

井下煤层在未受采动影响时，处于相对的稳定状态。随着采掘活动的进行，煤体中的平衡状态被破坏，形成新的应力、裂隙平衡。急倾斜煤层水平分层开采工作面主要会在工作面前方和工作面下部煤体一定范围内形成采动影响卸压带，在卸压带的煤体应力降低，孔隙、裂隙沟通，透气性增加；其卸压带前方一定范围内形成采动应力集中带，在应力集中带的煤体则出现应力升高，孔隙、裂隙闭合，透气性降低；再往前部分为未受采动影响的原始应力带，煤体物性参数基本不变。随着工作面的推进，卸压带、应力集中带、原始应力带不断前移。

卸压带煤体裂隙发育，增加了吸附瓦斯向游离瓦斯的转化，即当瓦斯抽采钻孔处于采动影响卸压带范围内时，钻孔瓦斯抽采量必然出现升高现象，即"卸压增流"现象。卸压瓦斯抽采充分利用这一现象，通过加强抽采钻孔的管理，提高瓦斯抽采效果。通过在开采分层下部煤体布置卸压瓦斯拦截抽采钻孔，在抽采负压作用下，卸压瓦斯解吸加快瓦斯运动，提高瓦斯抽采量及瓦斯浓度，从而减少开采分层下部卸压瓦斯涌向回采空间，起到保障工作面安全生产的作用。进行下部煤体的卸压瓦斯抽采，其抽采效果与煤层倾角、工作面长度、卸压深度、煤层卸压角等有关。边采边抽煤层瓦斯作用原理如图8-7所示。

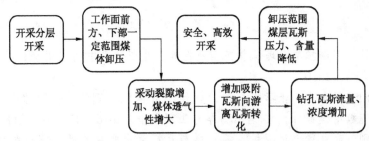

图 8-7 卸压瓦斯抽采原理

8.7 急倾斜煤层瓦斯立体抽采技术原理

在急倾斜煤层水平分层开采过程中，为了有效降低煤层开采过程中的瓦斯涌出量，减少瓦斯灾害事故，经常采用预抽钻孔抽采煤层瓦斯。经过一定预抽时间之后，降低开采分层的煤层瓦斯含量和煤层瓦斯压力，在抽采达标之后，方可进行煤体开采。在煤层开采过程中，辅助采空区埋管抽采和顶板走向高位钻孔抽采解决工作面瓦斯聚集区域瓦斯超限等问题。受到上部煤体开采影响，下部一定范围内煤体发现变形、卸压，煤体透气性增大，有利于下部煤体高压瓦斯流动；同时，卸压瓦斯经过采动裂隙流入采空区，会加剧瓦斯聚集区域的瓦斯超限。因此，采取下部煤体的卸压瓦斯拦截抽采技术能够有效解决卸压瓦斯流向工作面空间，降低了下部煤体的煤层瓦斯含量、煤层瓦斯压力，为后续的采掘接替节约时间，从而提高矿井的开采效益，实现煤与瓦斯共采。乌东煤矿瓦斯抽采成套技术作用原理如图 8-8 所示。

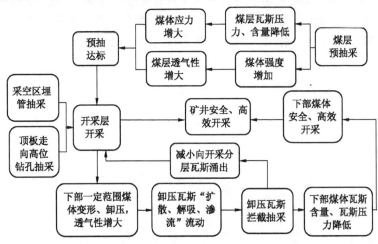

图 8-8 乌东煤矿瓦斯抽采成套技术作用原理

参 考 文 献

[1] 刘林. 下保护层合理保护范围及在卸压瓦斯抽采中的应用 [D]. 中国矿业大学, 2010.

[2] 王刚, 杨鑫祥, 张孝强, 等. 基于 DTM 阈值分割法的孔裂隙煤岩体瓦斯渗流数值模拟 [J]. 岩石力学与工程学报, 2016, 35 (01): 119-129.

[3] 王刚, 武猛猛, 程卫民, 等. 煤与瓦斯突出能量条件及突出强度影响因素分析 [J]. 岩土力学, 2015, 36 (10): 2974-2982.

[4] 刘林. 下保护层合理保护范围及在卸压瓦斯抽采中的应用 [D]. 中国矿业大学, 2010.

[5] 杨轩. 沁水盆地南部煤层气富集控制因素研究 [J]. 石化技术, 2015, 22 (08): 167.

[6] 韩军, 张宏伟, 张普田. 推覆构造的动力学特征及其对瓦斯突出的作用机制 [J]. 煤炭学报, 2012, 37 (02): 247-252.

[7] 张振文, 高永利, 代凤红, 等. 影响晓南矿未开采煤层瓦斯赋存的地质因素 [J]. 煤炭学报, 2007, 32 (09): 950-954.

[8] 王刚, 武猛猛, 王海洋, 等. 基于能量平衡模型的煤与瓦斯突出影响因素的灵敏度分析 [J]. 岩石力学与工程学报, 2015, 34 (02): 238-248.

[9] 王刚, 程卫民, 郭恒, 等. 瓦斯压力变化过程中煤体渗透率特性的研究 [J]. 采矿与安全工程学报, 2012, 29 (05): 735-739+745.

[10] 段东. 煤与瓦斯突出影响因素及微震前兆分析 [D]. 东北大学, 2009.

[11] 王刚, 程卫民, 苗法田. 北皂矿海域和陆地煤层瓦斯储气条件对比分析 [J]. 煤炭科学技术, 2010, 38 (03): 39-42+45.

9 急倾斜煤层分层开采瓦斯抽采试验研究

前几章主要进行了急倾斜煤层水平分层开采工作面围岩应力场、裂隙场以及瓦斯运移场的理论研究工作，以及对急倾斜煤层分层开采工作面瓦斯分布规律、瓦斯涌出规律进行了数据统计分析，建立了急倾斜煤层水平分层开采工作面的瓦斯抽采成套技术体系。本章主要是针对建立的抽采成套技术体系开展对乌东煤矿瓦斯抽采技术的优化分析，做到不仅能够治理工作面瓦斯，而且能够高效的抽采瓦斯。

9.1 煤层瓦斯抽采有效半径考察

当前对钻孔抽采有效半径的考察主要有 3 种方法：降压法、瓦斯含量法、流量法。鉴于乌东煤矿现场采掘紧张，尚不具备降压法测定煤层瓦斯抽采有效半径的条件，最终结合实际情况采用瓦斯含量法测定钻孔抽采有效半径。具体做法如下：

1. 瓦斯抽采钻孔施工及实验

首先，选取试验地点为 +500 m 水平 45 号东南巷，在试验地点施工瓦斯抽采钻场，其中钻场规格为 4 m ×4 m ×3 m。在钻场中间位置施工抽采钻孔（ZK1），在抽采钻孔施工过程中取煤芯测定试验地点的煤层瓦斯含量，钻孔的施工参数见表 9-1。抽采钻孔于 2014 年 7 月 26 日竣工并封孔，于 2014 年 7 月 30 日早班开始接抽。

表 9-1 抽采钻孔和检验钻孔施工参数记录表

煤层编号	类别	孔号	偏角/(°)	倾角/(°)	取样深度/m	终孔/m	封孔深度/m	备注
45	抽采孔	ZK1	正北	26	25	45	6	7月30日开始接抽
	检验钻孔	J11	偏东3.5	25	23	23	6	
		J12	偏东5	19	23	23	6	

表 9-1（续）

煤层编号	类别	孔号	偏角/（°）	倾角/（°）	取样深度/m	终孔/m	封孔深度/m	备注
45	检验钻孔	J13	偏东 5	10	23	23	6	
		J21	正北	23	21	21	6	
		J22	正北	18	21	21	6	
		J23	正北	12	21	21	6	
		J31	偏西 3	22	18	18	6	
		J32	偏西 3	18	18	18	6	
		J33	偏西 3	12	18	18	6	

注：此偏角是相对巷道走向的垂直方向的夹角。

2. 检验钻孔的施工以及实验

第一组检验钻孔共计布置 3 个，于 2014 年 8 月 5 日早班完成 3 个钻孔的现场取样和现场实验测定工作，于 2014 年 8 月 6 日完成瓦斯含量的实验室测定工作。第二组检验钻孔共计布置 3 个，于 2014 年 8 月 11 日早班完成 3 个钻孔的现场取样和现场实验测定工作，于 2014 年 8 月 12 日完成瓦斯含量的实验室测定工作。第三组检验钻孔共计布置 3 个，于 2014 年 8 月 18 日早班完成 3 个钻孔的现场取样和现场实验测定工作，于 2014 年 8 月 19 日完成瓦斯含量的实验室测定工作。检验钻孔的布置如图 9-1 所示，测定结果见表 9-2，瓦斯含量的测验结果见表 9-3。

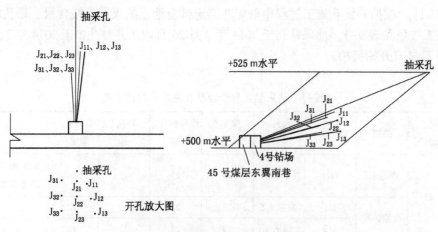

图 9-1　抽采钻孔与检验钻孔竣工图

表9-2 抽采钻孔和检验钻孔施工参数记录表

煤层编号	类别	孔号	可解吸瓦斯含量/($m^3 \cdot t^{-1}$)	残存瓦斯含量/($m^3 \cdot t^{-1}$)	残余瓦斯含量/($m^3 \cdot t^{-1}$)	备注
45	抽采孔	J11	3.69	1.53	5.22	
	检验钻孔	J12	4.21	1.53	5.74	
		J13	4.69	1.53	6.22	
		J21	3.80	1.53	5.33	
		J22	3.92	1.53	5.45	
		J23	4.19	1.53	5.72	
		J31	3.78	1.53	5.31	
		J32	4.33	1.53	5.86	
		J33	4.61	1.53	6.14	

表9-3 抽采效果记录表

煤层编号	类别	孔号	取芯与抽采孔的垂直距离/m	残余瓦斯含量/($m^3 \cdot t^{-1}$)	抽采时间/d	备注
45	抽采孔	ZK1	0	6.26		7月30日接抽
	检验钻孔	J11	2.19	5.22	6	
		J12	3.76	5.74	6	
		J13	7.02	6.22	6	
		J21	2.34	5.33	12	
		J22	3.85	5.45	12	
		J23	5.79	5.72	12	
		J31	2.95	5.31	19	
		J32	4.19	5.86	19	
		J33	6.21	6.14	19	

上述数据是中煤科工集团重庆研究院技术人员和乌东煤矿相关技术人员共同实施测定。共计施工10个钻孔，其中一个瓦斯抽采钻孔，9个含量检验钻孔；其中，检验钻孔分为3次施工完成，最终将上述数据导入经过适当处理之后导入 Matlab 进行多元回归。数据拟合处理如图9-2所示。

$x1 = [0.783901544, 1.324418957, 1.948763218, 0.850150929, 1.348073148,$
$1.756132292, 1.08180517, 1.432700734, 1.826160896]';$

$x2 = [4.969813, 4.969813, 4.969813, 5.66296, 5.66296, 5.66296, 6.122493,$
$6.122493, 6.122493]';$

$y = [1.690095815, 1.74745921, 1.827769907, 1.827769907, 1.695615609,$
$1.743968805, 1.669591835, 1.768149604, 1.814824742]';$

$e = ones(9, 1);$

$x = [e, x1, x2];$

$[b, bint, r, rint, stats] = regress(y, x, 0.05)$

$rcoplot(r, rint)$

图9-2　数据拟合处理

经过数据拟合，处理最终得到上述数据符合式（9-1），最终将数据拟合的公式计算数据反带回实测数据，得到实测数据和拟合数据之间的关系曲线和二者之间的误差曲线，如图9-3所示。

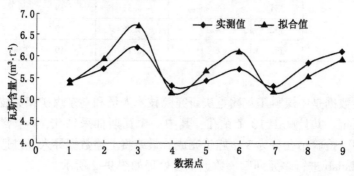

图9-3　实测值与拟合值的关系曲线

$$y = 5.372x^{0.189}t^{-0.081} \qquad (9-1)$$

式中　y——煤层瓦斯含量，m^3/t；

　　　x——与钻孔距离，m；

　　　t——抽采时间，d。

通过拟合分析知，实测值和拟合值最大误差为 7.95%，最小误差为 0.57%，平均误差为 4.10%，说明上述计算式能够较好地反映数据分布。实测值与拟合值误差分布图如图 9-4 所示。

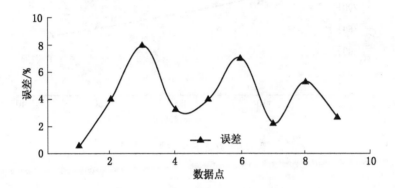

图 9-4　实测值与拟合值误差分布图

3. 抽采半径

1）极限抽采时间确定

煤矿现场大量实践也证明钻孔抽采瓦斯流量衰减规律符合负指数关系。对单孔抽采瓦斯量进行实测，为避免不同钻孔的见煤长度和半径影响，将计量结果统一换算为百米钻孔抽采量，并进行回归分析。回归分析计算式：

$$q_t = q_0 e^{-\beta t} \qquad (9-2)$$

式中　q_t——百米钻孔抽采时间 t 时钻孔瓦斯抽采量，$m^3/(hm \cdot min)$；

　　　q_0——百米钻孔瓦斯初始抽采量，$m^3/(hm \cdot min)$；

　　　β——抽采钻孔瓦斯涌出衰减系数。与煤层透气性系数、瓦斯含量以及孔径大小有关，由现场实际考察测得；

　　　t——钻孔抽采瓦斯时间，d。

钻孔抽采瓦斯的影响范围是随着时间的延续而不断扩大的，但钻孔抽采存在一个极限影响范围，达到该范围的时间为极限抽采时间，此后延长抽采时间无现实意义，所以钻孔抽采时间不应大于极限抽采时间。极限抽采时间计算式：

$$T_{max} = \frac{3}{\beta} \qquad\qquad (9-3)$$

根据对抽采钻孔抽采流量的统计分析，钻孔抽采流量衰减图如图 9-5 所示。

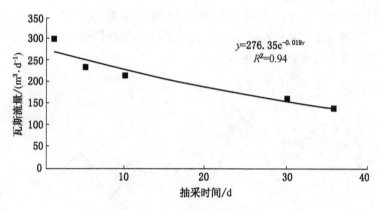

图 9-5　钻孔抽采流量衰减图

$$T_{max} = \frac{3}{0.019} = 158 \text{ d}$$

根据式（9-3）计算得到抽采极限时间为 158 d，在此基础上考虑 1.2 的富余系数，故抽采极限时间定为 190 d。

2）抽采半径确定

乌东煤矿并非突出矿井，始突深度尚未确定。因此，将《煤矿安全规程》规定的预抽率达到 30% 作为抽采钻孔的有效抽采半径的确定依据。试验点测定煤层原始煤层瓦斯含量为 6.26 m^3/t。当煤层瓦斯含量降低至 6.26 ×（1-30%）= 4.382 m^3/t 时，认为抽采有效；即当单个钻孔经过时间 t 抽采之后，瓦斯含量减低至 4.382 m^3/t 处对应位置至钻孔中心线的距离定义为在当前抽采条件下进行抽采 t 时间后的有效抽采半径。将瓦斯含量为 4.382 m^3/t 代入式（9-1）计算。

$$r = \sqrt[0.189]{0.8156t^{-0.081}} \qquad\qquad (9-4)$$

式中　r——时间 t 对应的抽采半径。

按照上述公式可以得到，乌东煤矿在当前抽采条件下，抽采 180 d，抽采有效半径为 2.70 m；抽采 90 d，瓦斯抽采有效半径为 2.10 m。抽采极限时间得到抽采有效极限半径为 2.76 m。这与前文进行数值分析得到 45 号煤层在抽采负压为 20 kPa，钻孔孔径为 113 mm，抽采 180 d 时，抽采钻孔的合理的间距为 6 m 的结论基本吻合，由此说明该方法和数值分析具有一定的可行性。

9.2 采空区埋管抽采试验

9.2.1 采空区瓦斯分布及流动规律

由于乌东煤矿各煤层均为自燃煤层，在兼顾采空区瓦斯抽采的同时应考虑采空区自燃发火问题。采空区埋管抽采能够改变采空区瓦斯流场分布，会直接影响采空区"三带"分布，因此，开展采空区埋管最佳抽采位置研究意义重大。合理的埋管深度不仅能够有效防治回风隅角瓦斯超限，另一方面也能在某种程度上减轻防火的难度，利于采空区管理。采空区最佳抽采位置是指实施抽采时能有效地减少工作面的瓦斯涌出量，以满足安全生产的需要，此时的抽采位置即为最佳抽采位置；当在有煤层发火的情况下，同时兼顾防火的有利位置。

相关研究表明，急倾斜煤层水平分层开采工作面采空区瓦斯分布规律包括3 条。

（1）在走向方向，由于自然堆积区临近回采工作面，垮落的岩体间孔隙率较大，进风巷在工作面形成风流现象。自然堆积区及煤壁面涌出的瓦斯被风流带向采空区深处，从而会稀释了此区域瓦斯浓度（实测瓦斯浓度较低）。而在载荷影响区内，由于受到矿压作用，垮落的岩体间孔隙率减小，来自工作面的漏风量随着走向越来越小，遗煤等涌出的瓦斯不能被风流带走而大量积聚，其浓度一般较大可达到 10% ~ 50% 。在最深处的压实稳定区，瓦斯因涌出大量聚集，其浓度通常能达到 90% 以上。

（2）在工作面倾向方向，瓦斯浓度从进风侧至回风侧呈现出逐渐升高的趋势，在工作面回风上隅角瓦斯浓度达到工作面内最大值。

（3）在竖直方向，由于采空区上部风流流速梯度减小，并在瓦斯升浮效应作用下，造成采空区瓦斯浓度从底板到冒落带上部呈现增大趋势。

采空区内的瓦斯分布受到采空区内部的瓦斯扩散、风流运动及瓦斯上浮运动等综合作用，瓦斯浓度在采空区内形成一种稳定的动态平衡的浓度梯度分布。在走向上，从切顶线向采空区深部瓦斯浓度逐渐变大；在竖向上，从底部向顶部裂隙带瓦斯浓度逐渐增大；在倾向上，由于漏风源的存在，瓦斯浓度分布不对称，具体表现在进风端瓦斯浓度小于回风端。

而国内一些学者对采空区瓦斯浓度分布和采空区瓦斯运移研究发现，采空区瓦斯在工作面开切眼后方 1 ~ 12 m 范围内浓度变化较小，一般在 3% ~ 8% 之间；在 12~20 m 范围内瓦斯浓度变化幅度较大，一般在 10% ~ 18%；在 20~40 m 范围内瓦斯浓度升高较快，一般在 20% ~ 35%；在 40~60 m 范围内瓦斯浓度变化较小，一般在 35% ~ 50% 之间。对采空区释放示踪气体测试，将采空区瓦斯流动大体可划分为 3 个带。Ⅰ涌出带：采空区瓦斯在工作面开切眼 0~20 m 范围内瓦斯浓度一般在 3% ~ 18% 之间。在涌出带中，采空区丢煤和卸压邻近层解吸的瓦斯向工作面和采空区排放，进入涌出带的瓦斯流动速度较快，多以层流形式存在，且这部分瓦斯几乎全部被工作面风流和采空区的漏风流携带到回风道内。Ⅱ过渡带：距开切眼 20~40 m 范围内瓦斯浓度变化幅度较快，瓦斯浓度一般在 20% ~ 35% 之间。过渡带内的瓦斯在工作面和采空区压差作用下，一部分进入工作面，另一部分暂时滞留在采空区内；该区域瓦斯流动速度较低，流动呈现出不均衡性，处于层、紊流交错阶段。Ⅲ滞留带：40 m 以上范围内瓦斯浓度变化较小，瓦斯浓度在 35% ~ 50% 之间。进入滞留带时，释放采空区内的瓦斯一般滞留在采空区的深部，流动速度较低。涌出带、过渡带和滞留带的范围，受煤层开采条件，特别是开采高度、顶板岩性和采空区瓦斯涌出源供给情况等因素的影响。同时，由于不同矿井受工作面风流和采空区漏风的影响不同，各带中的瓦斯浓度也各不相同，滞留带最高，过渡带次之，涌出带最低。"三带"并不是固定不变的，随着工作面的推进向前移动，采空区瓦斯"三带"出现"浪涌"现象。回采工作面采空区瓦斯"三带"分布示意图如图 9-6 所示。

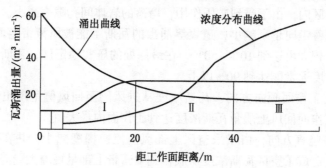

图 9-6　回采工作面采空区瓦斯"三带"分布示意图

9.2.2　采空区埋管瓦斯抽采试验分析

根据国内瓦斯对采空区瓦斯流动理论的研究，以及结合乌东煤矿采空区埋管抽采的实际情况，初步认为采空区埋管深度处在上述的过渡带较为合理，既能够抽取来至遗煤的瓦斯，又能够抽取受工作面开采影响而产生的邻近层和下部煤体产生的卸压瓦斯。为此，对乌东煤矿+575 m 水平 45 号煤层西在回采过程中采空区埋管抽采试验数据进行了统计分析。

　　+575 m 水平 45 号西综采工作面采空区埋管瓦斯抽采情况如图 9-7 至图 9-10 所示。采空区埋管抽采分布图如图 9-7 所示。从图中看出，随着埋管深度增加其采空区埋管瓦斯浓度、瓦斯纯流量增大即抽采增长期；当埋管深度达到 25 m 后，埋管瓦斯抽采处于瓦斯浓度稳步增长，瓦斯纯流量处于恒定期，该范围处在采空区后方 25～115 m 左右；埋管深度在 115 m 后，随着采空区埋管深度增加，瓦斯流量及瓦斯浓度又处于快速增长并形成稳定。这与上述理论研究表明的采空区瓦斯浓度分布以及瓦斯流动规律相似，即整体上在采空区走向上瓦斯浓度会逐步增加。图中并不完全符合该规律是因为抽采负压对瓦斯抽采参数也有直接影响。采空区埋管抽采管路中一氧化碳随埋管深度的变化如图 9-8 所示。从图看出，在埋管深度低于 40 m 时，其一氧化碳的浓度较低，在 42 m 出现了一氧化碳浓度较高情况，之后时而增大时而减小。采空区埋管氧气浓度分布如图 9-9 所示。从图中看出，在忽略抽采负压影响情况下，采空区埋管在 30～100 m 区间处于较高区域，在该区间内认为不利于防火工作开展。采空区埋管抽采下上隅角瓦斯浓度分布如图 9-10 所示。根据采空区埋管深度，上隅角瓦斯浓度可以分为瓦斯浓度急速下降区（埋管深度为 1～35 m），上隅角瓦斯浓度稳定区域（埋管深度为 35～100 m），上隅角瓦斯浓度增加区（埋管深度超过 100 m）。综合分析 45 号煤层工作面采空区埋管抽采流量以及抽采管路一氧化碳和氧气分布情况，得出 45 号煤层工作面采空区埋管合理深度为 10～35 m，建议尽量不要超过 35 m 深度，以有利工作面采空区防火工作。

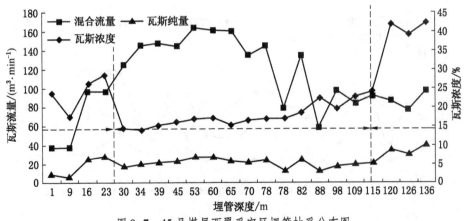

图 9-7　45 号煤层西翼采空区埋管抽采分布图

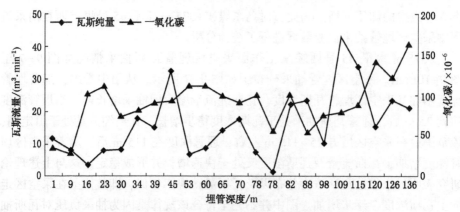

图9-8 45号西采空区埋管抽采一氧化碳分布图

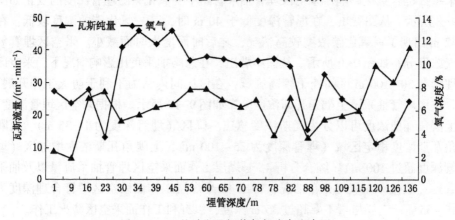

图9-9 45号采空区埋管氧气浓度分布图

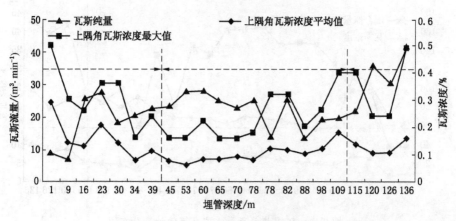

图9-10 45号上隅角瓦斯浓度分布图

9.2.3 合理采空区埋管瓦斯抽采设计

根据乌东煤矿在工作面采空区埋管进行瓦斯抽采试验分析的结果，结合国内外现有采空区瓦斯抽采方法，建议乌东煤矿采用在目前抽采方式上优化的后退式回风巷预埋管法抽采采空区瓦斯。在回风巷敷设第一趟埋管，埋管长约30 m，封闭埋管前端管口，并在前端 1 m 长的管子段每隔 0.1 m 沿管壁钻 4 个直径为 10 mm 的钻孔，以此形成埋管口抽采瓦斯。当埋管被埋进 20 m 时，开始敷设第二趟埋管。为防止采空区瓦斯沿第二趟埋管涌出，第二趟埋管与瓦斯抽采支管连接前用法兰盘封闭。当第二趟埋管被埋进约 5 m 时，把第二趟埋管接入瓦斯抽采支管，同时撤去第一趟埋管并封闭接口，防止采空区瓦斯涌出。以此利用两趟埋管循环抽采采空区瓦斯，埋管抽采接替如图 9-11 所示。为了减少采空区漏风和提高抽采效果，建议有条件情况下，预先在采空区回风巷位置进行密闭，密闭位置距抽采管口 3 m 左右，密闭的间距为 10 m。

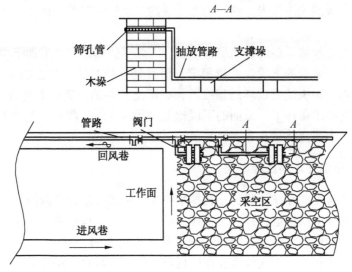

图 9-11 采空区埋管抽采方法示意图

9.3 顶板走向高位钻孔抽采试验

9.3.1 顶板走向钻孔布孔原则

煤层采动以后，围岩受采动影响卸压，其透气性会明显提高，尤其是离层裂隙通道可使煤层内瓦斯流动速度大幅度增大，瓦斯涌出量也随之剧增。采空区上覆岩层中采动裂隙为采空区瓦斯的运移提供流动通道，也为瓦斯储集提供了空间。邻近层和下部煤层卸压瓦斯以扩散的形式从含有孔隙、裂隙的煤体中扩散到周围的裂隙中去，之后又以渗流的形式沿裂隙从压力高的区域流向压力低的区域。采动裂隙为瓦斯积聚提供空间，也是瓦斯流动的通道。因此，采空区顶板走向钻孔的终孔位置在垂直方向上位于回采工作面冒落拱的上方，在保证钻孔成孔完好，不垮孔的前提下，在垂直煤层方向上应选择在裂隙带区域内，沿倾斜方向要选择在裂隙带的离层裂隙区域内。

顶板岩石水平长钻孔的合理布孔层位，对于采空区瓦斯抽采效果起着决定性的作用。钻孔不能布置在顶板的冒落带内，在冒落带内，随着顶板岩石的垮落，钻孔处于采空区的部分将被完全破坏，抽出来的几乎都是空气；同时，钻孔不能布置在顶板的裂隙带以上，如果将钻孔打在裂隙带以上，由于无贯通裂隙，采空区的聚集瓦斯不能到达钻孔终孔位置，因而无法抽采。因此，应将钻孔布置在顶板的裂隙带内，通过相互贯通的采动裂隙对采空区存积的瓦斯进行抽采。

过去对急倾斜煤层的载荷研究表明：①煤层倾角越大，采面下段支架所受的载荷越小，采面的下段位置越稳定，而且处于相对稳定状态的范围还越大，在该范围内，顶板遭受破坏的程度不大，不适宜将抽采钻孔布置在该范围内；②在有相同倾角条件下，采面的下段比上段所承受的载荷小，表明下段破坏的程度较轻，不适宜将钻孔布置在采面的下段。

9.3.2　高位钻孔之间压茬距离

由于冒落带的存在，高位钻孔抽采存在一定的有效抽采范围。当岩石的垮落随采面的推进而推进，到高位钻场一定距离时，钻场中的高位钻孔就会失去抽采作用。受钻孔角度和采空区顶板冒落形态的影响，钻场间存在抽采盲区。为保证高位钻孔抽采的连续性，在钻场与钻场之间就存在钻孔的压茬。

虽然抽采钻孔的终孔位置处于顶板破断面以内，即终孔位置处于煤壁支撑影响区内，由于工作面支承压力的作用，支承压力的极限平衡区内岩层处于塑性状态，其微裂隙较为发育，钻孔能抽出高浓度的瓦斯。但此时不利于充分抽采采空区冒落岩层内积聚的瓦斯，不能有效解决工作面上隅角瓦斯问题。因此，瓦斯抽采钻场间钻孔的压茬设计应考虑顶板破断角和钻孔终孔位置至顶板破断面距离的影响。以往研究表明，对于缓倾斜煤层顶板高位钻场间钻孔的最小压茬长度确定方法如图 9-12 所示。图中 a 表示本钻场的抽采盲区长度，b

表示钻孔的压茬长度，h 为钻孔终孔位置距煤层顶板垂高，φ 为垮落角，L_x 为煤层顶板的周期来压步距。要保证前一钻场报废时，下一钻场的钻孔进入顶板的裂隙区域内才能抽出瓦斯。所以在没有顶板滞后垮落的情况下，钻场间钻孔的最小压茬长度为：

$$b_{min} = a + h\cot\varphi \tag{9-5}$$

$$b_{max} = a + L_x + h\cot\varphi \tag{9-6}$$

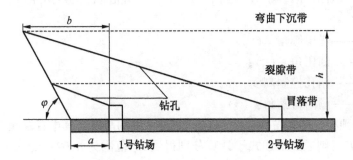

图 9-12 缓倾斜煤层顶板钻孔最小压茬长度确定示意图

通过对急倾斜煤层水平分层开采工作面冒落带和裂隙带的简化分析，其顶板走向高位钻孔应该尽量布置在图 9-13 的阴影区域。

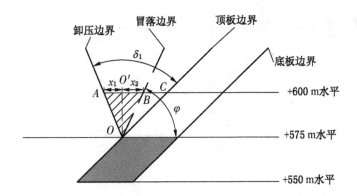

图 9-13 急倾斜煤层冒落及卸压分区倾向断面示意图

以开采分层顶板与开采分层的焦点为原点，A 到 O 的水平距离为 X_1，B 到 O 的水平距离为 X_2，垂直高度假设为 h。

$$X_2 = h\cot\varphi_1 \tag{9-7}$$

由 $\dfrac{OB}{\sin A}=\dfrac{AC}{\sin\delta_1}$，$OB=\dfrac{h}{\sin\alpha}$ 得

$$AC=\frac{h\sin\delta_1}{\sin\alpha\sin A}=\frac{h\sin\delta_1}{\sin\alpha\sin\left[180-(\delta_1+\alpha)\right]}\qquad(9-8)$$

而 $O'C=h\cot\alpha$，结合式（9-4）得

$$X_1=-\frac{h\sin\delta_1}{\sin\alpha\sin\left[180-(\delta_1+\alpha)\right]}-h\cot\alpha=-\frac{\sin\delta_1-\cos\alpha\sin\left[180-(\delta_1+\alpha)\right]}{\sin\alpha\sin\left[180-(\delta_1+\alpha)\right]}h$$

$$(9-9)$$

式中　α——煤层倾角，（°）；

　　　δ_1——卸压角，（°）；

　　　h——钻孔控制高度，m；

　　　φ_1——倾向冒落角，（°）。

假设顶板走向高位钻孔控制 10~20 m 范围的高度，其中冒落角为 65°，卸压角为 67°，则通过上述式子计算分别得到 X_1 范围为 4.02~8.05 m；X_2 范围为 4.7~9.3 m。该范围内能够起到较好的瓦斯抽采效果。

由于急倾斜煤层水平分层开采工作面的垮落带和裂隙带分布形状，因此，根据钻孔高度和工作面顶板周期来压步距（乌东煤矿 45 号煤层的周期来压步距为 50 m）确定钻孔的压茬长度，如图 9-14 所示。

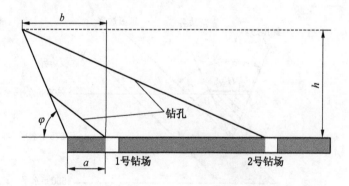

图 9-14　水平分层开采工作面顶板走向钻孔布置示意图

考虑抽采盲区长度为 10 m，走向冒落角为 56°，若钻孔控制高度为 10~20 m，钻孔高度为 10 m 时，压茬范围为 15.59~65.59 m，平均值 40.59 m；钻孔高度为 20 m 时，压茬范围为 21.18~71.18 m，平均值为 46.18 m。

9.3.3 高位钻孔抽采实验

1. 顶板走向高位钻孔布置

为了得到比较合理的高位钻孔布置方式，乌东煤矿进行了顶板走向高位钻孔抽采裂隙瓦斯试验（5 号钻场）。其中，试验钻场布置在工作面剩余 828 m 处顶板中，在回风巷（南巷）上侧 1.2 m 处开挖钻场，钻场规格是长×宽×高 = 5 m×4 m×3 m，钻孔直径为 113 mm，封孔深度为 6 m，钻场布置如图 9-15 所示，钻孔布置参数见表 9-4。

2. 顶板走向高位钻孔抽采效果分析

为了对乌东煤矿 45 号煤层 5 号高位钻孔瓦斯抽采参数的合理性进行分析，根据井下实测，收集工作面在回采期间每个钻孔的瓦斯抽采浓度及流量。

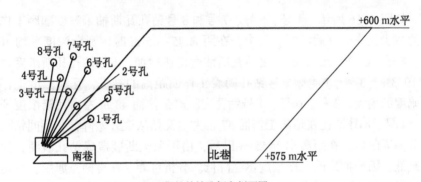

(a) 瓦斯抽放钻孔倾向剖面图

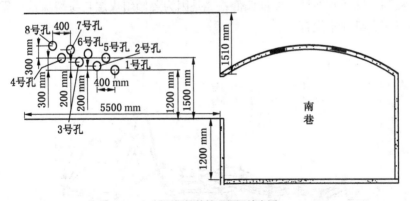

(b) 瓦斯抽放钻孔位置放大图

图 9-15　试验顶板高位钻孔布置图

表9-4 顶板走向高位钻孔参数表

钻场编号	孔号	倾角/(°)	偏角/(°)	长度/m	开孔位置/m	备注
+575 m水平 45号西翼 5号高位钻场	1	2	偏北2	130	1.2	
	2	2	偏北2	130	1.3	
	3	1	偏北1	130	1.4	
	4	1	偏北1	130	1.5	
	5	4	偏北4	125	1.5	
	6	3	偏北3	125	1.6	
	7	2	偏北2	125	1.7	
	8	1	偏北1	125	1.8	

如图9-16所示,4号、6号、7号和8号钻孔瓦斯抽采浓度随距工作面距离的减少而先升高后降低。其中,在距离45~65 m时,瓦斯浓度平均10%以上,4号、8号钻孔在65 m之后瓦斯浓度迅速增加,4号钻孔瓦斯浓度最大达到19.3%。3号、6号、7号钻孔随着工作面距离的推进,瓦斯浓度也存在一定幅度的增大,3号、6号、7号钻孔在距离工作面48 m左右瓦斯浓度开始降低。4号、8号钻孔在距离工作面57 m左右瓦斯浓度开始降低,期间钻孔处于充分抽采阶段,在距离小于45 m以后,由于顶板断裂造成钻孔破断,抽采层位减低,因而抽采的瓦斯浓度迅速降低。分析可能存在有两点原因:一是由于采空区在采用高位钻孔抽采的同时,又采用了埋管瓦斯抽采,且抽采效果较好,导致高位钻孔瓦斯抽采浓度偏低;二是因为急倾斜煤层自身裂隙带在靠近工作面下端自身并不发育。

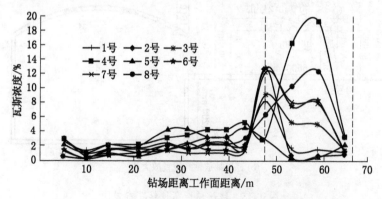

图9-16 瓦斯抽采浓度随钻场距工作面距离变化曲线

由高位钻孔瓦斯抽采浓度与工作面位置关系曲线图分析知，4号、6号、7号和8号钻孔瓦斯抽采浓度较高，现场4号和6号钻场也得出相似的结论。因此，4号、6号、7号和8号钻孔终孔位于上覆岩层顶板破碎的裂隙带，且经瓦斯钻孔参数计算，6号钻孔终孔位于沿南巷轴线偏北15 m，高度为9.34 m。8号钻孔终孔位于南巷轴线偏北6.6 m，高度为5.18 m。4号钻孔终孔位于南巷轴线偏北8.5 m，高度为4.77 m。7号钻孔终孔位于南巷轴线偏北13.8 m，高度为5.86 m，抽采钻孔4号、6号、7号和8号中的氧气浓度均在5%左右，而1号、2号、3号和5号钻孔氧气浓度均在13%左右，可以初步判断1号、2号、3号和5号终孔位置位于冒落带区域，导致氧气浓度较高。

通过对试验钻场顶板高位钻孔的抽采分析得到，当抽采钻孔与工作面距离为45~60 m时，钻孔高度在距离开采分层垂高控制在4~12 m，平距控制在靠近北侧在4~8 m范围内能够取得较好的抽采效果。试验结果与计算结果基本一致，由此说明钻场之间的合理压茬长度在走向上为50 m较为合理。建议乌东煤矿北采区顶板走向高位钻孔压茬距离为60 m，采用双排布置，每排布置3个钻孔，上排排距为5 m，控制20 m高度，下排排距为3 m，控制10 m高度，钻场之间间距90 m（可根据后期抽采效果调整间距）。高位钻孔布置示意图如图9-17所示。

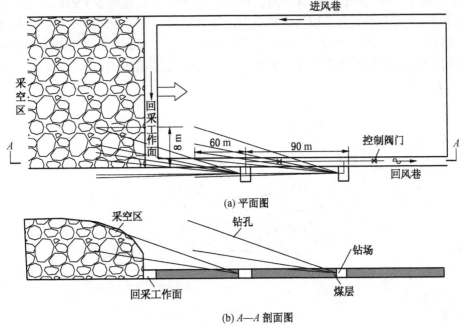

(a) 平面图

(b) A—A 剖面图

图9-17　高位钻孔布置示意图

9.4 下部煤体卸压瓦斯抽采拦截抽采试验研究

9.4.1 卸压拦截抽采钻孔布置

通过上述研究发现，受采动影响下部煤体在中部垂直深度约为 15 m 范围内产生卸压作用，而在靠近底板侧垂直深度约为 25 m 深度范围具有卸压作用；采动影响对下部煤体的影响范围在倾向侧也不同，其走向卸压角为 57°。通过上述对工作面瓦斯涌出规律以及涌出来源研究发现，在+575 m 水平采取预抽措施之后，下部煤体卸压瓦斯涌出占到了整个工作面瓦斯涌出量的 45% 左右。因此，利用合适的空间位置以及目前乌东煤矿生产开拓条件，充分利用采动影响下煤体卸压以及瓦斯卸压流动的规律，进行卸压瓦斯抽采钻孔的合理布置，是保证下部煤体卸压瓦斯抽采效果的关键性因素。同时，解决下部卸压瓦斯涌出也是急倾斜煤层水平分层开采瓦斯治理的关键技术。为此，结合理论研究以及数值分析，在乌东煤矿生产实际情况的基础上，在+500 m 水平开拓巷道水平布置卸压瓦斯拦截抽采钻孔，进行卸压瓦斯拦截抽采试验。

由于+500 m 水平具有巷道，首先，直接布置钻孔截取+500 m 水平至+525 m水平部分瓦斯，以及保障巷道的正常掘进。为了分析卸压瓦斯拦截抽采效果，对+500 m 水平 45 号煤层西翼南巷 2 号、3 号钻场卸压瓦斯抽采钻孔进行采前、后瓦斯抽采进行了考察工作。钻孔布置如图 9-18 所示，钻孔参数见表 9-5。

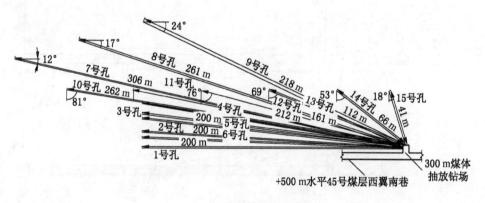

(a) 瓦斯抽放钻孔平面图

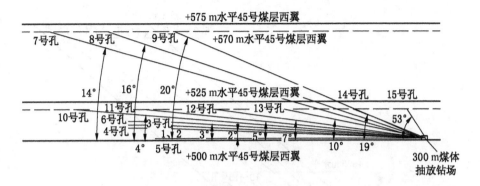

(b) 瓦斯抽放钻孔走向剖面图

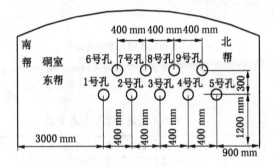

(c) 瓦斯抽放钻孔位置放大图（南帮、北帮）

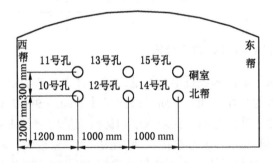

(d) 瓦斯抽放钻孔位置放大图（西帮、东帮）

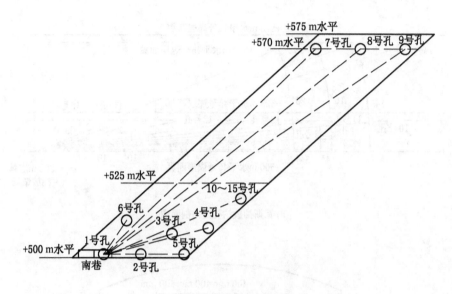

(e) 瓦斯抽放钻孔走向剖面图

图 9-18　卸压瓦斯抽采钻孔示意图

表 9-5　卸压瓦斯抽采钻孔参数表

钻场编号	孔号	倾角/(°)	偏角/(°)	长度/m	开孔位置/m	备注
+500 m 水平 45 号西翼 2 号、3 号钻场	7	14	偏北 12	300	1.5	
	8	16	偏北 17	261	1.5	
	9	20	偏北 22	218	1.5	

9.4.2　卸压拦截钻孔抽采效果分析

卸压瓦斯抽采量尚未进行单独计量，但是对 2 号钻场施工的 3 个钻孔进行了瓦斯抽采参数的统计，卸压瓦斯拦截抽采效果如图 9-19 所示。在回采工作面尚未到卸压抽采钻孔之前，瓦斯浓度和瓦斯流量均随着抽采时间的增加逐渐减小，煤层底板侧钻孔（1 号钻孔）抽采浓度和流量较大，其钻孔长度也大于 2 号、3 号钻孔；在回采工作面距离钻孔末端 20 m 左右时，瓦斯抽采参数出现明显降低；而当回采工作面推过钻孔约 10 m 距离，钻孔抽采参数迅速增大，1 号钻孔表现更加明显。1 号、2 号钻孔在工作面推过钻孔末端约 60 m 瓦斯抽采参数出现又一个极大值，随后逐渐减小，而顶板侧钻孔在工作面推过 15 m 左右出现最大值。整个瓦斯参数变化经历一个减小—增大—减小的变化过程。1 号钻孔瓦斯浓度由回采前的 26.4% 提高到最大值为 68.5%，流量由 0.16 m³/min 提高至最大为 0.67 m³/min；而 2 号钻孔瓦斯浓度由 4% 提高至 57%，瓦斯流量由 0.08 m³/min 提高至最大为 0.37 m³/min；3 号钻孔由回采前 1.8% 提高至最大为 29.4%，瓦斯流量由 0.04 m³/min 提高至最大为 0.15 m³/min，瓦斯流量平均增大 4.4 倍。瓦斯抽采参数达到最大值后，随着与工作面距离增大，抽采参数逐渐减小，在工作面推过钻孔约 200 m 后，抽采钻孔的抽采参数迅速减小。分析原因认为，工作面推过 150 m 左右后下部煤体产生应力恢复，采动裂隙闭合，降低煤层透气性；另一方面煤层游离瓦斯量有限，而对游离瓦斯补孔源也在减少。

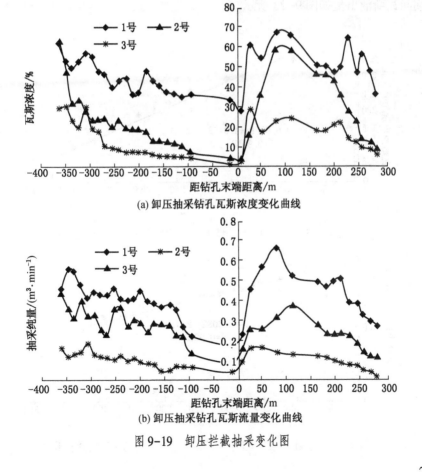

(a) 卸压抽采钻孔瓦斯浓度变化曲线

(b) 卸压抽采钻孔瓦斯流量变化曲线

图 9-19　卸压拦截抽采变化图

9.5　掘前预抽试验

在项目开展过程中，对巷道在掘进过程瓦斯涌出量进行实测，确定掘进瓦斯涌出的主要来源，便于后期有针对性开展掘进工作面的瓦斯治理工作。

9.5.1　掘进工作面瓦斯涌出实测

对巷道在掘进过程瓦斯涌出量进行了实测、分析。其实测过程是通过在掘进班和非掘进班测定巷道瓦斯涌出量，测 3 次后求取平均值。+500 m 水平 45 号煤层东翼南巷掘进期间瓦斯涌出量如图 9-20 所示，+500 m 水平 45 号煤层西翼南巷掘进期间瓦斯涌出量如图 9-21 所示，+500 m 水平 43 号煤层西翼南巷非掘进期间瓦斯涌出量如图 9-22 所示，+500 m 水平 43 号煤层西翼南巷掘进期间瓦斯涌出量如图 9-23 所示。

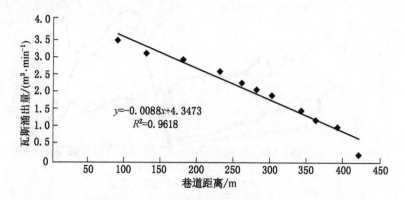

图 9-20　+500 m 水平 45 号煤层东翼南巷掘进期间瓦斯涌出量

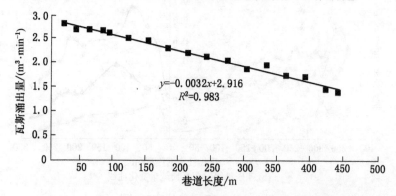

图 9-21　+500 m 水平 45 号煤层西翼南巷掘进期间瓦斯涌出量

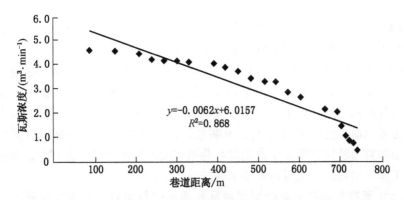

图 9-22　+500 m 水平 43 号煤层西翼南巷非掘进期间瓦斯涌出量

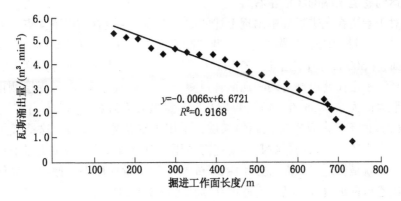

图 9-23　+500 m 水平 43 号煤层西翼南巷掘进期间瓦斯涌出量

9.5.2　巷道掘进过程中瓦斯涌出规律

实测时，+500 m 水平 43 号煤层西翼南巷长度在 750 m 左右，45 号西翼、东翼南巷均在 450 m 左右，根据掘进工作面瓦斯涌出量实测，主要得到以下结论。

（1）43 号煤层西翼南巷在掘进过程中，瓦斯涌出量随长度的增加而减小明显，近似线性衰减，其中，43 号西翼南巷巷道长度每增加 100 m 其瓦斯涌出量衰减在 0.6 m³/min 左右；整体上靠近掘进工作面处瓦斯涌出量较小，在靠近巷道末端瓦斯涌出量较大。

（2）45 号煤层东翼南巷巷道每增加 100 m 瓦斯涌出量衰减在 0.8 m³/min 左右，整体上靠近工作面迎头处瓦斯涌出量较小，在靠近巷道末端瓦斯涌出量较大。

（3）45 号煤层西翼南巷的瓦斯涌出量随巷道长度的衰减相对较小，巷道每增加 100 m 瓦斯涌出量衰减在 0.3 m^3/min 左右。

（4）43 号煤层西翼南巷和 45 号煤层东翼南巷在非掘进期间，掘进工作面的瓦斯涌出量占整个巷道涌出量的 5% 左右。在巷道掘进期间，掘进工作面由于落煤瓦斯涌出量，整个瓦斯涌出量有所增加，而靠近掘进工作面瓦斯涌出量是巷道末端涌出量的 10% 左右，说明巷道瓦斯涌出量主要还是来自煤壁。45 号煤层西翼南巷掘进面瓦斯涌出量与巷道末端瓦斯涌出量比值较大，掘进期间掘进工作面的瓦斯涌出量是巷道末端的 40% ~ 50%。

（5）通过在巷道未掘进期间对瓦斯涌出进行实测，发现在掘进工作面煤壁后端 40~50 m 的长度内巷道瓦斯涌出量梯度很大，其百米涌出量衰减梯度能够达到巷道末端的 3 倍左右。

对于巷道在掘进过程中出现上述的涌出规律，主要存在以下 4 点原因。

（1）掘进巷道采用锚网支护，巷道断面为 15.8 m^2，煤壁暴露面积大；另一方面，+500 m 水平之上仅 +575 m 水平进行了开采活动，其煤层瓦斯含量本身就高。根据在巷道掘进期间瓦斯含量测定，+500 m 水平 45 号煤层测得瓦斯含量最大值为 6.43 m^3/t，43 号煤层瓦斯含量最大值为 6.98 m^3/t。

（2）由于乌东煤矿是急倾斜煤层，采用水平布置工作面，这造成了巷道四周均为煤体。受采动影响其巷道底部高压瓦斯会通过采动裂隙大量涌向掘进巷道，这就是掘进工作面后方 40~50 m 瓦斯涌出量梯度很大原因，具体表现在现场巷道掘进过程中其巷道底部瓦斯浓度高于巷道中部。

（3）乌东煤矿在巷道掘进过程中采取了边掘边抽措施，但是在靠近巷道顶板侧以及巷道断面前方区域以及巷道底部、顶部区域尚未布置瓦斯抽采钻孔，存在一定的空白区。乌东煤矿北采区一个掘进面最大掘进速度能达到 8~10 m/d，在这样的巷道掘进速度下，其单纯依靠边掘边抽很难解决巷道瓦斯涌出量大的问题。

（4）在瓦斯含量的测定过程中发现，其吸附瓦斯含量占到 80% 以上。在巷道周围煤岩体受掘进破坏情况下，其吸附瓦斯会转化为游离瓦斯，源源不断涌现掘进巷道，且这个时间是漫长的，因此，煤壁瓦斯涌出量占很大一部分。

9.5.3 掘进工作面预抽试验

1. 掘进工作面预抽钻孔布置及施工

由于在巷道掘进过程中，采用边掘边抽以及增加供风量瓦斯治理效果有限，鉴于实际情况，拟进行掘进工作面布置抽采钻孔，进行掘前预抽工作。该试验选在+500 m 水平 45 号煤层西翼南巷掘进工作面（1 号煤门往里 697 m 处）。钻孔布置如图 9-24 所示，钻孔参数见表 9-6。

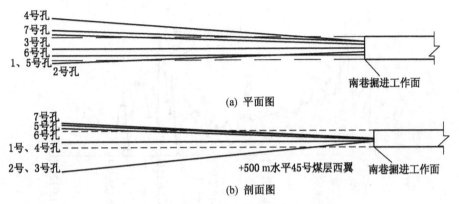

(a) 平面图

(b) 剖面图

图 9-24 掘进工作面预抽钻孔布置示意图

表 9-6 45 号煤层西翼掘进工作面抽采钻孔参数

钻场编号	钻孔编号	倾角/(°)	方位/(°)	钻场长度/m	开孔高度/m（距巷底部）	备注
+500 m 水平 45 号煤层西南巷 697 m 掘进工作面钻场	1	0	正西	150	1.2	
	2	-2	偏南 2	150	1.2	
	3	-2	偏北 2	150	1.2	
	4	0	偏北 4	150	1.2	
	5	3	正西	150	1.8	
	6	2	正西	150	1.6	
	7	3	偏北 2	150	1.8	

2. 预抽效果分析

在钻孔施工完毕之后，进行了封孔、接抽工作，对瓦斯抽采参数进行了实测，平均百米瓦斯流量分布如图 9-25 所示。其中，2014 年 9 月 28 日至 2014 年 10 月 8 日由于国庆假期尚未对瓦斯抽采参数进行测定，在 2014 年 11 月初测定参数较小。根据图 9-25 发现，7 个钻孔的百米平均瓦斯流量经历了一个增加—最大值—降低的过程，其中单孔抽采浓度最大可以达到 87%，单孔最大纯流量可达 2.336 m³/min，7 个钻孔的平均百米瓦斯流量为 0.296 m³/min，百米瓦斯流量最大为 0.6648 m³/(hm·min)。从 2014 年 8 月 24 日开始抽采至拆除，7 个钻孔的平均瓦斯浓度为 53.6%，抽采纯量平均为 0.444 m³/min，共计抽采 181 d，累计抽采瓦斯量为 115724.16 m³。

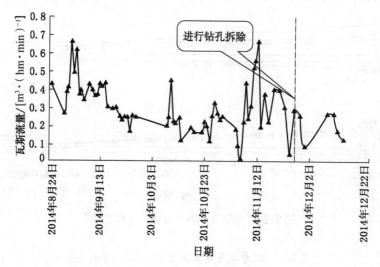

图 9-25　平均百米瓦斯流量分布图

+500 m 水平 45 号煤层根据测定原始煤层瓦斯含量为 6.43 m³/t，煤体视相对密度为 1.41 t/m³。钻孔控制范围内煤体储量：

$$G = L \times l \times m \times \gamma \tag{9-10}$$

式中　L——钻孔控制范围煤层长度，m；

　　　l——钻孔控制范围煤层水平宽度，m；

　　　m——钻孔控制范围煤层高度，m；

　　　γ——煤的密度，t/m³。

钻孔控制范围内煤层瓦斯含量：

$$Q_{储} = GX_0 \tag{9-11}$$

式中　X_0——煤层瓦斯含量，m³/t。

通过计算瓦斯抽采钻孔控制范围内的煤体储量和煤层瓦斯含量，计算得到预抽钻孔控制范围内的煤层瓦斯储量为 205077.6 m³。原始煤层的煤体瓦斯预抽率：

$$\eta_{抽} = \frac{Q_{抽}}{Q_{储}} \times 100\% = \frac{115724.16}{205077.60} \times 100\% = 56.4\% \tag{9-12}$$

式中　$\eta_{抽}$——煤层瓦斯预抽率,%。

对百米钻孔瓦斯抽采量进行分析,由于中途进行了钻孔拆除,因此,仅将拆除之前钻孔进行数据分析,求取 7 个钻孔的平均百米瓦斯抽采量,得到平均百米流量随抽采时间变化关系如图 9-26 所示。根据预抽理论可知百米钻孔流量衰减系数为 0.018,得到钻孔单孔的极限抽采时间约为 167 d。这与之前瓦斯抽采半径测定过程中考虑误差情况计算瓦斯抽采极限时间 190 d,较为接近。

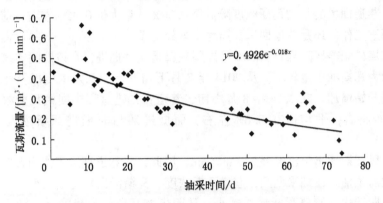

图 9-26　平均百米钻孔瓦斯抽采流量衰减分布图

根据预抽钻孔理论分析可以得到,百米钻孔抽采有效系数见表 9-7。根据该表说明,其预抽煤层瓦斯其抽采时间在 150~180 d 比较合理。

表 9-7　百米钻孔不同抽采瓦斯抽采量

抽采时间/d	30.00	60.00	90.00	120.00	150.00	180.00
抽采量/m³	16443.06	26025.22	31609.21	34863.27	36759.57	37864.63
抽采有效系数/%	41.73	66.04	80.21	88.47	93.28	96.08
抽采时间/d	210.00	240.00	270.00	300.00	330.00	360.00
抽采量/m³	38508.60	38883.88	39102.57	39230.01	39304.28	39347.56
抽采有效系数/%	97.72	98.67	99.22	99.55	99.74	99.85

为了分析掘进面掘前预抽的抽采效果,对+500 m 水平 45 号煤层西翼南巷掘进过程中瓦斯浓度及巷道供风量进行了统计,为后一步提出合理钻孔设计参

数提供理论依据。巷道掘进工作面和巷道回风瓦斯浓度变化如图 9-27 至图 9-30 所示。4 个图是从 2014 年 6 月开始巷道瓦斯变化情况。该期间瓦斯涌出量分布如图 9-31 所示。从图中看出，在 2014 年 6 月瓦斯浓度、瓦斯涌出量均较大，巷道掘进工作面的日平均瓦斯浓度最大值为 0.28%，最大值能够达到 0.45%，巷道回风中日平均瓦斯浓度最大值为 0.54%，而最大值能够达到 0.68%；之后巷道瓦斯浓度平均降低至巷道前端 0.08%，最大值降低至 0.12% 左右，巷道回风的平均瓦斯浓度降低至 0.30%，最大值 0.42% 左右。前期，无论是掘进工作面还是巷道回风瓦斯涌出均经历了一个大—小—大的过程，是因为乌东煤矿 45 号煤层西翼和 45 号煤层东翼是交替掘进，在该期间巷道尚未掘进，因为瓦斯涌出量较小。从 2014 年 7 月下旬开始，瓦斯浓度以及瓦斯涌出量逐渐开始增加。在 2014 年 8 月中旬，巷道在掘进过程中回风瓦斯浓度最大在 0.7% 左右，平均值在 0.6% 左右，而掘进期与非掘进瓦斯浓度大约相差 0.1%。

回风瓦斯涌出量已经超过 3 m^3/min，因此，在巷道掘进工作面布置钻孔进行掘进前预抽。在抽采期间，巷道瓦斯浓度、瓦斯涌出量逐渐减小，其原因是吸附瓦斯转化为游离瓦斯量在减小，从而煤壁瓦斯涌出量降低。钻孔拆除之后，进行了巷道掘进，巷道于 2015 年 1 月 22 日开始掘进，截止到 2015 年 1 月 31 日，巷道掘进工作面的平均瓦斯浓度在 0.1% 左右，最大瓦斯浓度为 0.16%，巷道回风平均瓦斯浓度为 0.38%，最大瓦斯浓度在 0.52% 左右，巷道

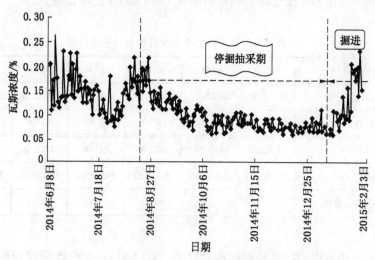

图 9-27　掘进巷道工作面平均瓦斯浓度分布

累计掘进 91 m，平均进尺 9 m/d。巷道在 2015 年 2 月 1 日至 2015 年 2 月 8 日掘进过程中，其巷道掘进工作面瓦斯浓度在 0.20% 左右，最大值达 0.3%，巷道回风瓦斯浓度平均为 0.47%，长期维持在 0.5% 以上，最大瓦斯浓度达 0.66%，巷道掘进 6 d，累计进尺 44.8 m，平均进尺为 7.4 m/d。

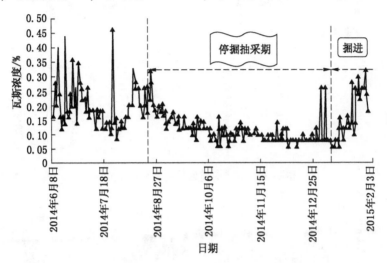

图 9-28　掘进巷道工作面最大瓦斯浓度分布

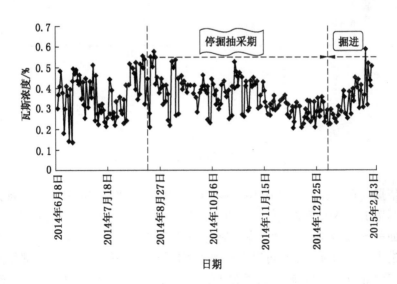

图 9-29　掘进巷道回风平均瓦斯浓度分布

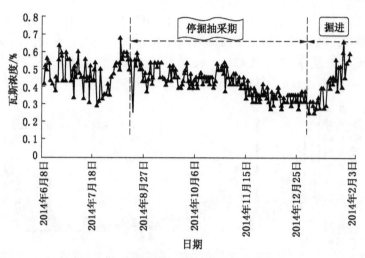

图 9-30　掘进巷道回风最大瓦斯浓度分布

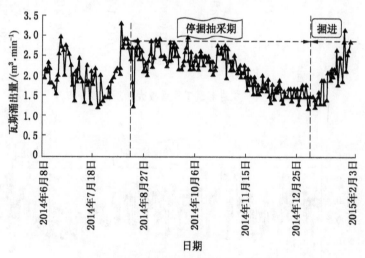

图 9-31　掘进巷道回风瓦斯涌出量分布图

依据《煤矿瓦斯抽采基本指标》（AQ 1026—2006）规定：煤巷掘进工作面控制范围是巷道轮廓线外 8 m 以上（煤层倾角>8°时，底部或下帮 5 m）及工作面前方 10 m 以上。而根据实际瓦斯抽采情况看，乌东煤矿急倾斜煤层巷道掘进进行预抽时，钻孔可以控制到巷道顶板、底板一侧，巷道底部控制至少 5 m，在预抽瓦斯钻孔施工长度为 150 m 情况下，可正常掘进 130 m。建议掘进预抽钻孔布置如图9-32所示。

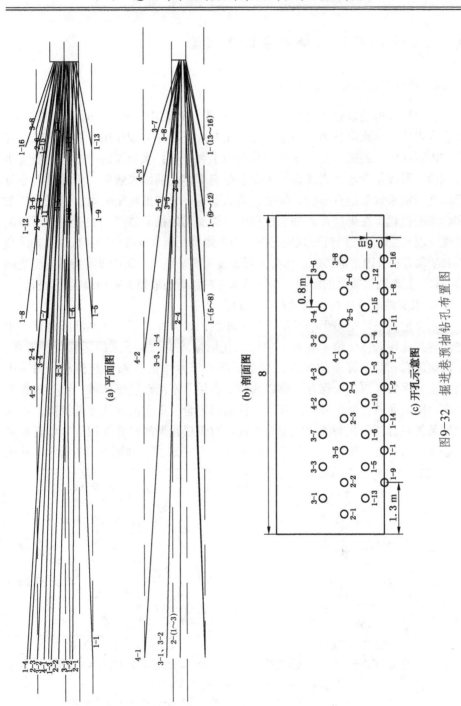

图9-32 掘进巷预抽钻孔布置图

(a) 平面图

(b) 剖面图

(c) 开孔示意图

9.6 赋水煤层瓦斯抽采分析及试验

9.6.1 水分对瓦斯抽采影响分析

各个矿区煤层赋存及地质构造条件不同，使煤层中赋含不同程度的水分。赋存在煤层中的水可分为游离水与化合水两大类。在毛细作用下游离水吸附在煤体内部孔隙、裂隙，游离水可细分为内水和外水；水与煤层中的矿物质发生作用后，形成化合水。煤体含水多少会影响煤体瓦斯抽采效果，为此，对水分影响瓦斯抽采效果进行分析。煤层瓦斯流动是一个包括瓦斯吸附、解吸、扩散和渗流的过程。在煤层瓦斯抽采过程中，煤层瓦斯抽采效果主要受到煤层吸附特性、透气性以及煤层自身煤层瓦斯压力、煤层瓦斯含量等物性参数以及抽采负压和抽采管径等因素的影响。水分主要通过对抽采负压、瓦斯吸附特性的影响间接实现对瓦斯抽采效果的影响。以下是水分对瓦斯抽采相关影响因素的分析。

1. 水文地质条件对瓦斯储存分布的影响

水文地质条件也是影响瓦斯含量分布的因素，在地下水交换活跃地区，水能溶解并从煤岩体中带走瓦斯，使煤层瓦斯量减少。地下水的运移，一方面，驱动裂隙和孔隙中瓦斯的运移，带动了溶解于水中的瓦斯一起流动；另一方面，水分促使吸附瓦斯保存，难以逸散。在地下水流动缓慢区域，水分占据着瓦斯存储的通道，使原开放的瓦斯气体通道闭合，煤层的储气性能提高。水文地质条件是否利于瓦斯的存储主要表现在对煤层瓦斯的破坏作用上。学者对沁水盆地南部水文地质条件与瓦斯含量关系进行了研究，如图 9-33 所示。从图

(a) 3号煤层瓦斯含量与水文地质关系 　　(b) 15号煤层瓦斯含量与水文地质关系

1—钻井；2—含气量；3—水流方向

图 9-33　沁水盆地南部 3 号、15 号煤层瓦斯含量与水文地质关系

中可以看出，随着水流指向汇水区方向，煤层瓦斯含量明显增加。在这种汇水的水文地质条件下，沁水盆地南部的水流趋于停滞，瓦斯含量很高，形成瓦斯富集区，反之，瓦斯含量低，形成瓦斯含量贫瘠区。

2. 水分对瓦斯吸附-解吸特性的影响

从微观看，吸附瓦斯是因煤体表面产生吸引力，这种引力将瓦斯分子吸附到煤体表面。水分子是一种极性分子，在煤表面以范德华力和氢键作用进行吸附；而氢键作为一种化学键主要是对煤表面的第一吸附层产生影响，使煤对水分子的吸附作用高于煤对甲烷分子的吸附作用，水分子会占据煤表面的吸附位，减少了煤对甲烷的吸附位，使煤体内表面吸附瓦斯减少。吸附瓦斯量减少会使瓦斯解吸速率降低，进一步影响到瓦斯渗流、扩散，最终影响瓦斯抽采效果。

为定量分析水分对煤体瓦斯吸附特性的影响规律，学者对不同含水率条件下液态水润湿煤样解吸规律进行了实验室试验，得到吸附量随平衡压力及含水率的关系如图9-34所示。研究表明，随着含水率增加，液态水润湿煤样的等温吸附量降低，但降低幅度随含水率的增加而减小，并非简单的线性变化关系。当含水率增加到一程度时，煤体吸附量将趋于稳定，不同平衡压力下吸附量降低程度不同；同一平衡压力条件下，含水率越低吸附含量越大。

同样学者对煤层注水后瓦斯解吸规律进行了研究，得到不同水分下煤的瓦斯解吸量随时间变化如图9-35所示。研究表明，干燥煤样在注水之后，在相同吸附平衡压力条件下，随着煤样水分的增加，瓦斯解吸量逐渐减小。该结论与前述学者达到的结论一致。

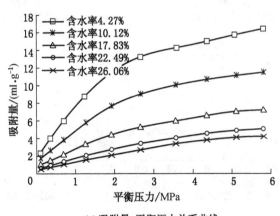

(a) 吸附量-平衡压力关系曲线

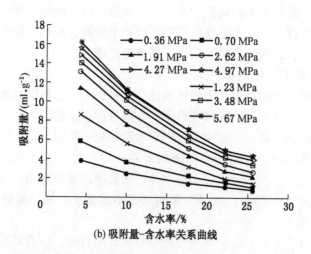

(b) 吸附量-含水率关系曲线

图 9-34 吸附量随平衡压力及含水率关系曲线

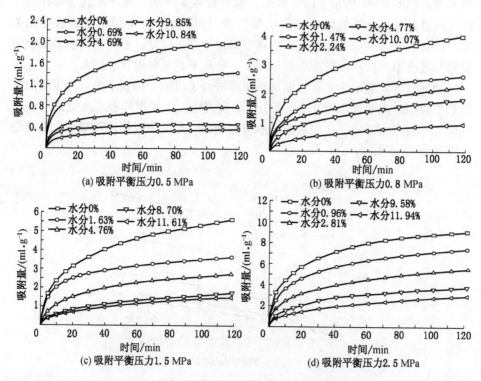

图 9-35 不同水分下煤的瓦斯解吸量曲线

煤层瓦斯抽采是一个降低煤体瓦斯含量的过程，为取得较好的瓦斯抽采效果，获得大量的瓦斯，从水分对瓦斯吸附-解吸的影响研究发现，应该尽量降低煤体中的水分，为吸附瓦斯解吸提供通道，促进煤体中吸附瓦斯解吸，为获得高浓度、大流量瓦斯提供瓦斯源，从本质上降低煤层瓦斯含量。

3. 水分对瓦斯流动的影响

水分对煤层瓦斯流动的影响主要是通过煤层渗透率和扩散系数的影响，最终影响到煤层的流动。影响煤层渗透率系数因素众多。近年来，学者开展了水分对煤层透气性影响研究。水分对煤层渗透率影响，主要影响表现在两个方面：一是水分改变煤体的吸附-解吸性能；二是水分改变煤层瓦斯流动的黏滞阻力性能。学者在施加相同覆压和温度条件对不同水分润湿煤样的渗透率变化进行了试验，得到不同水分煤样透气性变化规律如图 9-36 所示。

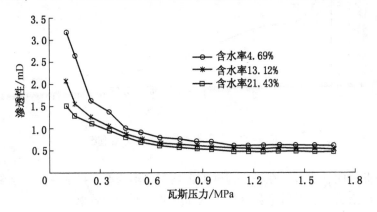

图 9-36　不同水分煤样渗透率与瓦斯压力的关系

研究表明，煤样渗透率随着水分的增加而降低，特别在低压力阶段（0.6 MPa瓦斯压力以下）变化显著。在低瓦斯压力阶段，水对煤体的膨胀变形及黏滞阻力作用降低了瓦斯的渗流速度，随着瓦斯压力的增加，这种作用逐渐减弱；随着含水率增加，煤样吸附能力趋于稳定，吸附性能对渗流特性的影响作用更弱。影响渗透率的主要因素为煤体吸水膨胀变形及增加黏滞阻力的作用。

瓦斯在孔隙系统中运移规律符合菲克（Fick）扩散定理。

$$J = -D \frac{\partial C}{\partial t}$$

式中　　J——瓦斯扩散速度，kg/(s·m²)；

$\dfrac{\partial C}{\partial t}$——沿扩散方向的密度梯度，kg/m⁴；

D——扩散系数，m²/s。

　　通过对干燥煤体注水之后测定其扩散系数，发现扩散系数 D 随着水分的增加有逐渐减小的趋势，变化规律如图 9-37 示。其原因为水分进入煤粒内部的孔隙，增加了煤粒内部扩散阻力，使煤体的扩散能力降低。

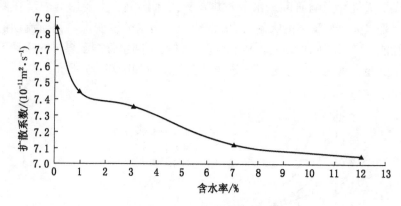

图 9-37　含水率与扩散系数关系曲线

　　由此说明，水分会在一定程度上影响煤层渗透率、扩散系数，且随着水分增加煤层渗透率、扩散系数降低，从而降低瓦斯抽采效果。

　　4. 水分对抽采钻孔成孔影响

　　水分对瓦斯抽采钻孔成孔的影响，主要是水分对煤岩体力学性质的影响，从而影响成孔效果，进一步影响到瓦斯抽采钻孔的抽采效果。水分对煤岩体力学性质影响主要是水分使得煤岩体的压力-应变关系发生改变，从而使煤岩体的弹性模量和抗压强度等力学性质发生变化。学者研究了水分对煤体力学性质的影响，通过对煤体进行注水后，测定煤体水分和力学参数，煤体水分和弹性模量变化关系如图 9-38 所示。研究发现，随着煤层注水时间的延长，煤体水分增加，而煤体弹性模量逐渐减小。其原因是随着水分在煤体中孔隙、裂隙流动，孔隙、裂隙中的自由水分不断增加，煤体结构联系减弱，从而造成煤体弹性模量减小。不同加压条件下煤样单轴抗压强度与水分关系如图 9-39 所示。从图看出，在相同加压条件下，煤体的单轴抗压强度随着水分增加而减小。这是因为随着孔、裂隙中水分的不断增加，孔隙、裂隙内自由水不断增加，煤体的结构元素间的联系减弱，致使煤体抗压强度变小。在相同水分条件下，加压强度越大，单轴的抗压强度越大。这是因为相同水分条件下的煤样，加压强度越大，煤样中的裂隙越少、裂缝张开度越小，煤的结构元素间的联系越强，单轴抗压强度也就越大。

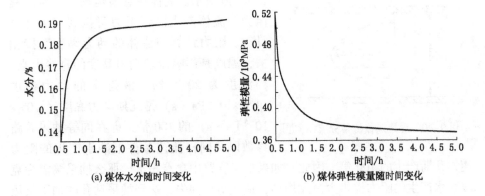

(a) 煤体水分随时间变化   (b) 煤体弹性模量随时间变化

图 9-38 水分对煤体弹性模量影响

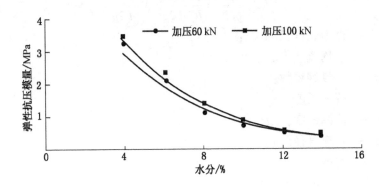

图 9-39 不同加压条件煤样水分和单轴抗压强度关系

上述研究表明，煤体中水分会使煤体强度弱化，当煤层施工瓦斯抽采钻孔时，受煤体强度弱化影响会使煤体破碎程度加大；另外破碎的煤屑受强度影响会重新黏合在一起形成较大结构，从而造成部分位置抽采钻孔直径减少，甚至有将抽采钻孔堵塞可能，从而直接影响瓦斯抽采效果。

5. 管路积水对抽采效果影响

在瓦斯抽采过程中，受抽采负压作用，赋含在煤层中的水分将与瓦斯一起经煤岩体中的孔隙、裂隙通道流入抽采钻孔，而受到水分自身重力影响，常在抽采管路低洼处常聚集。研究表明，抽采管路积水会使抽采管路的有效抽采横截面面积变小，影响单位时间内流过瓦斯抽采管路的瓦斯量；另一方面抽采管路中积水，在抽采负压作用下随着瓦斯气体一起运动，管路流体流动示意图如

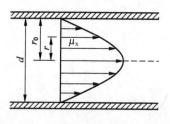

图 9-40 所示。流体在管道运动会产生沿程阻力，流体产生沿程阻力可按式（9-13）计算。阻力计算与流体的动力黏度直接相关，温度是影响流动动力黏度的直接因素，当温度为 20 ℃ 时，液态水的动力黏度（1.0×10^{-3} Pa · s）是瓦斯动力黏度（1.05×10^{-5} Pa · s）的 100 倍，即在同等抽采管路参数以及同样流速条件下抽水产生的阻力

图 9-40 管路流体流动分布示意图

使抽瓦斯产生的 100 倍。因此，如果抽采管路中含有积水，那么抽采泵需为克服积水产生的阻力提供大量无用功，造成负压损失，达到抽采钻孔的抽采负压就比预期抽采负压小，从而直接影响煤层瓦斯抽采效果。

$$h_f = \frac{32\mu Vl}{\rho f d^2} = \frac{64}{R_e} \frac{l}{d} \frac{V^2}{2g} = \lambda \frac{l}{d} \frac{V^2}{2g} \qquad (9-13)$$

式中　μ——动力黏度，Pa · s；

　　　V——平均流速，m/s；

　　　f——无量纲系数；

　　　l——管道长度，m；

　　　ρ——流体密度，kg/m³；

　　　d——管道直径，m；

　　　R_e——雷诺数；

　　　g——重力加速度，N/m²；

　　　λ——沿程阻力损失系数。

9.6.2　管路积水对瓦斯抽采效果影响试验

通常情况煤体中的水分并不采取专门措施治理，况且瓦斯抽采过程中煤体中水分也会随着瓦斯流入钻孔，从而提高煤层吸附瓦斯以及增加煤体透气性系数和扩散性系数。相比较而言，瓦斯抽采管路积水对瓦斯抽采效果影响更佳明显，因此，在瓦斯抽采管路安装过程中要求必须将瓦斯抽采管路悬挂直，且尽量少设置弯头，在低洼处须安装放水器。乌东煤矿自制放水器，放水器如图

9-41 所示。

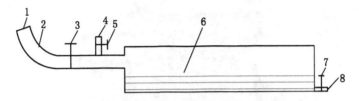

1—进水口；2—连接管；3—闸阀；4—进气口；
5—闸阀；6—放水器；7—闸阀；8—出水口

图 9-41 放水器示意图

为了分析积水对瓦斯抽采的影响，特对放水前、放水后进行瓦斯抽采参数测定。测定地点选取在+550 m 水平 45 号煤层西翼工作面 3 号钻场，共计选取 4 个钻孔，钻孔布置如图 9-42 所示。为了减小人为造成误差，每一个抽采钻孔在放水前测定 3 次，在放水后测定 4 次，其中，前 3 次为连续测定，第 4 次间隔时间稍长。瓦斯抽采参数测定采用郑州光力科技股份有限公司生产的 CJZ7 瓦斯抽采综合参数测定仪，该仪器实物如图 9-43 所示。该仪器可以测定钻孔瓦斯浓度、抽采混合流量、抽采负压、管路温度、一氧化碳浓度、氧气浓度和二氧化碳浓度 7 个参数。在测试开始前发现 2 号、3 号钻孔接抽软管中有积水现象，1 号、4 号钻孔中基本不存在积水现象，为了分析钻孔积水对瓦斯抽采效果影响，放水器放水之前均不处理钻孔中积水。待测定完毕之后，先简要处理 2 号、3 号钻孔的积水，再进行放水，之后再测定钻孔抽采参数。各钻孔抽采参数变化如图 9-44 所示，平均数据变化见表 9-8。

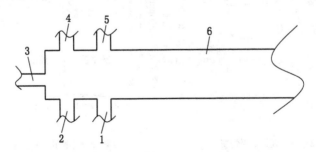

1—1 号钻孔；2—2 号钻孔；3—放水器进水口；
4—3 号钻孔；5—4 号钻孔；6—接抽器

图 9-42 试验钻孔布置平面示意图

229

图 9-43　CJZ7 瓦斯抽采综合参数测定仪

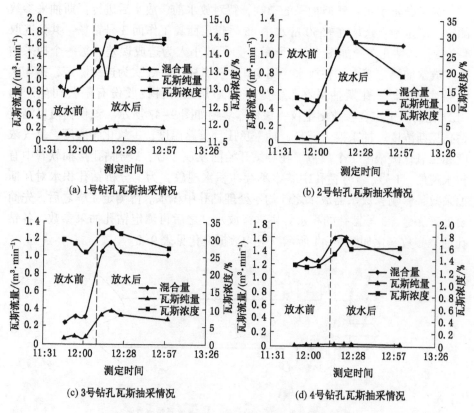

图 9-44　钻孔放水前后瓦斯抽采参数变化图

表9-8　放水前后瓦斯抽采参数对比表

钻孔编号	瓦斯浓度/%			混合流量/(m³·min⁻¹)			纯量/(m³·min⁻¹)			
	前	后	涨幅/%	前	后	涨幅/%	前	后	涨幅/%	
1	13.0	13.9	6.9	0.84	1.52	81.0	0.11	0.21	90.1	
2	12.8	26.3	105.5	0.40	1.14	185.0	0.05	0.30	500.0	软管有水
3	28.3	30.5	7.8	0.29	1.01	248.2	0.08	0.31	287.5	
4	1.32	1.61	21.9	1.26	1.51	19.8	0.017	0.024	41.2	
平均			35.5			133.5			229.7	

从图9-44看出，1号钻孔放水前、放水后瓦斯浓度基本变化不大，平均瓦斯浓度从放水前13%增加到放水后13.9%，涨幅为6.9%；但是瓦斯抽采量有明显增大，平均混合量从0.84 m³/min增大到1.52 m³/min，涨幅81.0%；平均瓦斯纯量从0.11 m³/min增大到0.21 m³/min，涨幅为90.1%，且随着时间延长，瓦斯抽采参数变化并不明显。2号钻孔放水前、放水后瓦斯浓度变化显著，平均瓦斯浓度从放水前12.8%增加到放水后26.3%，涨幅为105.5%；且瓦斯抽采量明显增大，平均混合量从0.40 m³/min增大到1.14 m³/min，涨幅达到185.0%；平均瓦斯纯量从0.05 m³/min增大到0.30 m³/min，涨幅为500.0%。3号钻孔放水前、放水后瓦斯浓度变化不明显，平均瓦斯浓度从放水前28.3%增加到放水后30.5%，涨幅为7.8%；但瓦斯抽采量变化显著，平均混合量从0.29 m³/min增大到1.01 m³/min，涨幅达到248.2%；平均瓦斯纯量从0.08 m³/min增大到0.31 m³/min，涨幅为287.5%。4号钻孔放水前、放水后瓦斯浓度变化不明显，平均瓦斯浓度从放水前1.32%增加到放水后1.61%，涨幅为21.9%；瓦斯抽采量也不明显，平混合量从1.26 m³/min增大到1.51 m³/min，涨幅达到19.8%；平均瓦斯纯量从0.017 m³/min增大到0.024 m³/min，涨幅为41.2%。4个钻孔在放水后瓦斯浓度、抽采混合流量和纯量均有不同程度提高。测试过程中发现钻孔抽采负压有所提高，而且2号、3号钻孔瓦斯抽采参数变化显著，这是因为2号、3号钻孔中存在积水，进行处理之后，有效增加了瓦斯气体流动面积，因此瓦斯流量增加显著。

通过上述试验得到，若忽略支管路抽采负压的变化，放水器放水对瓦斯抽采参数有一点影响，瓦斯抽采参数放水后相对放水前有所提高，但并不明显；当连接抽采钻孔与接抽器的软管中含积水时，进行积水处理后瓦斯抽采参数明显提高，瓦斯抽采纯量能提高3~6倍。研究发现，积水主要是影响抽采流量，而对抽采瓦斯浓度影响并不明显。

根据上述结论，对乌东煤矿在进行瓦斯抽采时提出以下建议。

（1）必须做好瓦斯抽采管路的连接工作。接抽器应安装到低于钻孔开孔位置，且保证连接钻孔和接抽器的软管存在一定坡度，并减少打弯，避免软管积水影响瓦斯抽采效果。

（2）及时对放水器放水。受放水器储量限制，长时间不放水会造成积水超过其额定容积，抽采孔的水分会在接抽器和管路聚集，从而也会影响瓦斯抽采效果。

（3）严格把关抽采管路设计及安装以及管理。应该对抽采支管路、主管路积水进行及时处理，合理布置、安装支管路的放水器。

由于乌东煤矿煤体含水率较大，且抽采工作面、掘进面数目多，放水需要花大量人力。为此，乌东煤矿相关技术人员对手动式放水器进行了改进，自制了自动放水器，放水器示意图如9-45所示。

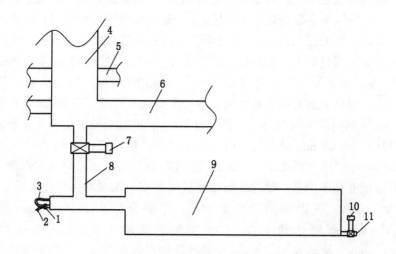

1—电控阀；2—压风入口；3—压风管；4—气水分离器；5—接抽管路；
6—抽采管路；7—电磁阀；8—连接管路；9—放水器；10—电磁阀；11—出水口

图 9-45　自动放水器示意图

自动放水器流程：

放水时：电控阀和电磁阀10打开，电磁阀7关闭，压风管路中的压风由压风入口→压风管→连接管路→放水器→出水口，放水器中的积水在压风的高压作用下排出，瓦斯气体由抽采钻孔→气水分离器→抽采管路→主管路。放水过程中水、瓦斯流程图如图 9-46 所示。

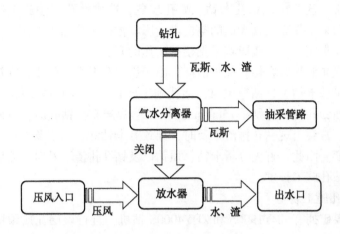

图 9-46 放水过程中水、瓦斯流程图

放水结束后：电控阀和电磁阀 10 关闭，电磁阀 7 打开，水分经抽采钻孔→气水分离器→放水器，而瓦斯气体由抽采钻孔→气水分离器→抽采管路→主管路。放水结束后水、瓦斯流程图如图 9-47 所示。

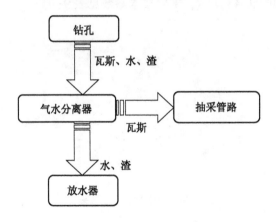

图 9-47 放水结束后水、瓦斯流程图

9.6.3 顺层长钻孔施工工艺改进

随着矿井开采水平的延伸，煤层瓦斯含量、压力不断增大，瓦斯灾害将逐

渐成为制约乌东煤矿安全生产的主要因素。随着瓦斯压力增大，往往会造成钻孔施工困难，甚至出现钻孔卡钻、喷孔现象，造成钻孔无法施工达到设计要求，造成回采工作面出现大面的空白带，影响掘进工作面正常掘进。钻孔不能按照设计要求完成，直接影响采掘接替工作的开展。

乌东煤矿北采区在钻孔施工前期，由于煤层瓦斯含量较小，在钻孔施工过程中尚未出现卡钻、顶钻等现象，钻孔施工比较顺利。但是在+500 m水平施工边掘边抽钻孔时，特别是+500 m水平43号煤层东翼钻孔时，按照平常钻孔施工速度，常会出现钻孔排渣不及时，导致有卡钻和顶钻现象，钻孔很难施工至设计深度。因此，首先分析卡钻、顶钻以及钻孔排渣不及时的原因，再采取措施提高钻孔施工长度。

1. 钻孔施工装备

乌东煤矿拥有ZDY1900S和ZDY4000S钻机，进行煤层瓦斯预抽钻孔施工的主要是ZDY4000S钻机，该钻机由主机、泵站、主操纵台三大部分组成，各部分之间用高压胶管连接。主机包括回转器、夹持器、给进装置、机架；操纵台是钻机的控制中心，由各种控制阀、压力表及管件组成；泵站是钻机的动力源，由隔爆型电动机、弹性联轴器、三角胶带传动装置、A7V78MA型斜轴式轴向柱塞泵、10SCY14-1B型副油泵、油箱、冷却器、滤油器、底座等部件组成。钻机实物如图9-48所示，主要技术参数见表9-9。

图9-48　ZDY4000S钻孔实物图

表9-9　ZDY4000S钻机参数表

型　号	ZDY4000S
钻孔深度/m	300/200
钻杆直径/mm	73

表9-9（续）

型　号	ZDY4000S
钻孔倾角/(°)	−45~45
额定输出转速/(r·min⁻¹)	5~280
最大转矩/(N·m)	4000
给进能力/kN	150
起拔能力/kN	150
电机功率/kW	55
整机质量/kg	1500
主机外形尺寸/(mm×mm×mm)	2380×1300×1520

2. 前期钻孔施工工艺

乌东煤矿在前期钻孔施工过程中，采用以下钻孔施工工艺。

（1）钻孔开孔前，先对钻场内及回风流的瓦斯浓度进行检查，确保浓度低于0.5%，开始开孔施工。同时，对供水和供电情况进行检查，看其是否正常，排水、排渣以及避灾线路是否畅通；若存在安全隐患则不施工，必须采取相应措施将隐患清除才开钻。

（2）操作人员在启动钻机前对作业现场进行巡视后，严格按照设计参数进行开孔，并将倾角与方位角控制在设计范围，保证开孔倾角和方位角与设计要求相符。

（3）开孔采用ϕ113 mm的PDC钻头施工至设计位置，之后通知相关部门验收钻孔。

（4）钻孔参数验收后，开始退钻，退钻结束后再采用ϕ133 mm的复合片扩孔钻头进行扩孔，扩至6~7 m左右后进行洗孔，确保孔内清洁无煤渣后退出钻杆，随后下入ϕ108 mm套管，管口外端超出煤壁30 cm左右，下管同时用马丽散进行封孔，之后接抽。

3. 卡钻、顶钻原因分析及措施

1）卡钻、顶钻及排渣不及时原因分析

当煤层瓦斯压力、含量较大且钻孔进入软煤分层时，钻头的切削旋转会对煤产生一种冲击力和破碎力，使得煤体破裂、粉碎，煤体中的吸附瓦斯迅速解吸。钻孔周围煤体中的吸附瓦斯解吸，使流入钻孔中的瓦斯增大到正常瓦斯涌出的几倍到几十倍，钻孔中的前部和后部会出现较大的瓦斯梯度，从而会出现明显的瓦斯激流现象。承压的瓦斯激流对破坏的煤颗粒起着边运送边粉化的作用，同时还继续向钻孔周围扩散。由于钻孔中有钻杆存在，导致钻孔的有效孔径小、瓦斯激流和粉化了的煤颗粒难以顺利地向孔外排出，进一步增加了钻孔内外的瓦斯压力梯度，致使这种瓦斯爆发性地向孔口外流，形成喷孔、卡钻，造成钻孔深度浅。

若想进行正常的钻孔施工，就要求完全、及时排出钻孔孔内的钻屑，且在钻孔过程中尽量减少对钻孔孔壁的破坏，否则易出现卡钻、喷孔现象。一般情况下，钻孔的施工采用水作为冲洗介质，也有采用风力排渣。风力排渣的缺点是作业地点的粉尘较难控制，对于顺层长钻孔其一般矿井的风压和流量可能不满足要求；另外，如果煤层中含水量丰富，采用风力排渣就难以将钻孔的钻屑排出，导致钻杆在钻孔过程中发生烧死现象。

2）解决卡钻、顶钻及排渣不及时措施

通过生产实践发现，针对卡钻、顶钻及排渣不及时现象可以采取以下措施。

（1）培训操作人员施工技术，提高施工技巧，匀速给压，不强行钻进，加强打钻时瓦斯涌出监测，当瓦斯大时，减小推进速度或停止钻进。

（2）当钻进过程中发生响煤炮、顶钻和夹钻时应暂停施工，并减少供水量，让其自然排放卸压一段时间再恢复钻进。另外，为保证施工安全，当钻进过程中出现连续不断响煤炮、持续剧烈喷孔、湿式打眼喷干煤、煤壁开裂或移动、顶板突然来压等现象时，须停止钻进作业，尤其注意不要退钻洗孔，打钻施工人员应撤到有自救装置的新鲜风流处，30 min后没有瓦斯突出再恢复钻进作业。

（3）加强瓦斯检查，安排瓦斯检查工到打钻区域进行瓦斯检查工作，严格执行巡回检查制度和请示报告制度。在瓦斯超限时，须立即组织现场人员停止钻孔施工作业并撤至安全地点。

（4）对顺层钻孔现场施工和管理人员开展瓦斯突出相关知识及预兆方面的专项培训。

（5）调整钻孔施工工艺，采用边钻边抽措施，促进钻孔排渣。

3）改进钻孔施工工艺

（1）在进行开孔前，先对钻场内及回风流的瓦斯浓度进行检查，确保浓度低于0.5%。同时，检查供水和供电情况，确保排水、排渣以及避灾线路畅通，方可进行施工；若存在安全隐患须采取相应措施将隐患清除才能开钻。

（2）严格按照设计参数进行开孔，并将倾角与方位角控制在设计范围，开孔时操作应遵循轻压慢进的原则，保证开孔倾角和方位角与设计要求相符。

（3）开孔直接采用 ϕ113 mm 的 PDC 钻头钻进 12 m，然后退钻，再采用 ϕ133 mm 的复合片扩孔钻头进行扩孔，扩至 6~7 m 后进行洗孔，确保孔内清洁无煤渣后退出钻杆，随后换上 ϕ113 mm 的 PDC 钻头推进至 6 m 以深的范围，卸下钻杆，套上直径 ϕ108 mm 长度为 6 m 的套管，管口外端超出煤壁 30 cm 左右，进行临封孔（使用棉纱以及专用装置封严，确保钻进过程中无瓦斯和水溢出）。

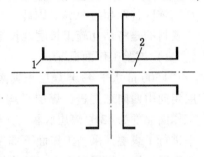

1—法兰盘；2—四通

图 9-49　四通结构示意图

（4）安装四通、气水分离器进行连接，排水和排渣管应当接至回风侧，所有的连接软管都采用钢丝扎紧，保证严密不漏气。四通结构如图 9-49 所示，四通的连接如图 9-50 所示。

（5）钻孔施工至设计深度，进行一次洗孔，以此来保证顺利退钻和抽放通道畅通，通知有关部门验孔。之后退钻，拆除装置，重新封孔，接抽。

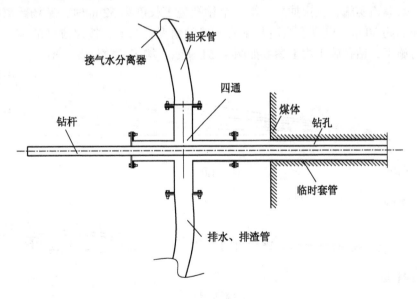

图 9-50　四通连接示意图

4. 现场试验考察及结果分析

由于乌东煤矿在+500 m 水平 43 号煤层东翼南巷施工掩护式边采边抽，钻孔施工过程中出现顶钻现象，排渣不及时，钻孔中有明显的激流产生，导致无法正常的钻孔施工。钻孔在施工至 50 m 左右长度就已经无法推进，距离设计长度 150 m 差距较大，会直接影响巷道的正常掘进；另外一方面，施工钻孔中瓦斯浓度普遍超过 80%。因此，钻孔施工过程中进行边抽边钻，进行边抽边钻主要目的是将钻孔施工长度延长至 120~150 m。

1）试验工作面概况

+500 m 水平 43 号煤层东翼南巷掘进工作面设计全长 2880 m，工作面沿煤层走向由西向东掘进，煤层平均厚度 45.1 m，工作面南部为 43 号煤层顶板，工作面北部为 43 号煤层底板，工作面上部为原始煤层段，上部仅有+600 m 水平进行了煤层开采，工作面下部为原始 43 号煤层，没有采动影响。43 号煤层为巨厚煤层，煤层厚度大，结构复杂，层位厚度均稳定，总厚 27.88 m，有益厚度 19.43 m，向东部厚度增大，规律明显。

掘进工作面在之前掘进过程中，供风量为 579.6 m³/min 时，巷道回风流瓦斯浓度最大为 0.68%，即掘进工作面瓦斯涌出量达到 3.941 m³/min。

2）现场试验效果

对巷道实施边掘边抽采，第一个钻孔施工长度为 52 m 时，钻场距离掘进工作面约 30 m，出现了顶钻及排渣不畅的情况。为此，按照改进的施工工艺进行施工，钻孔施工竣工参数如图 9-51 所示，竣工参数见表 9-10。

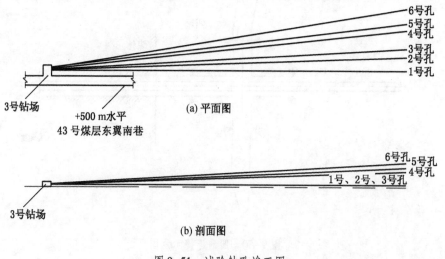

图 9-51　试验钻孔竣工图

表 9-10 竣 工 参 数 表

孔号	钻孔倾角/(°)	施工方位角/(°)	终孔深度/m	终孔原因
1	0	67	123	顶钻
2	0	70	129	顶钻
3	0	73	126	顶钻
4	2	69	117	顶钻
5	3	73	128	顶钻
6	3	76	120	顶钻

经过钻孔施工改进之后，施工掩护式掘进钻孔 6 个，平均钻孔深度为 123.8 m，较之前钻孔深度增加 71.8 m，效果显著。但是值得注意是，钻孔施工尚未完成设计要求，设计钻孔长度为 200 m。为此，建议乌东煤矿可直接采用 $\phi94$ mm 钻头进行施工，采用小钻头可减小对煤体破坏；另外，注意钻孔施工安全，实时进行瓦斯监测。

10 乌东煤矿成套抽采技术现场应用及 效 果 分 析

10.1 应用工作面概况

　　+575 m 水平 43 号煤层西翼工作面位于副井以西，工作面东部为+575 m 水平 43 号煤层东翼掘进工作面，南部为 43 号煤层顶板，北部为 43 号煤层底板，上部为+600 m 水平 43 号煤层西翼工作面采空区，下部为 43 号煤层。工作面位置如图 10-1 所示。工作面回采长度 540 m，工作面长度 30 m，回采段高 25 m，工作面地质储量为 63.5×10⁴ t 和可采储量表为 43.78×10⁴ t。

　　工作面地质构造较简单，无大的断层及构造，局部存在小的褶曲，并有裂隙、节理发育带，煤层破碎易冒落。煤层走向大致为 N67°，倾向 158°，倾角 42°~46°，平均 45°。煤层厚度变化较大，呈东厚西薄趋势，在东部水平厚度达 36 m，向西逐渐变薄，最薄处水平厚度为 30 m。直接顶主要为粉砂岩，厚度 2~4 m，深灰色，泥钙质胶结。基本顶主要为粉砂岩、细砂岩、中砂岩，厚度大。

　　工作面采用水平分层走向短壁后退式综采放顶煤采煤方法，其中采高 3.0 m，放顶 22.0 m。采用全部垮落法管理顶板。

　　43 号煤层在+575 m 水平最大瓦斯含量为 5.35 m³/t，其自然瓦斯涌出量衰减系数 0.03~0.05 d⁻¹，煤层透气性系数为 0.1 m²/(MPa²·d)，属于可抽采煤层。

10.2 工作面瓦斯涌出来源分析和涌出构成

10.2.1 瓦斯涌出来源分析

　　根据本项目对急倾斜煤层水平分层开采工作面瓦斯来源的分析，+575 m 水平 43 号煤层西翼工作面在回采过程中，瓦斯涌出来源主要有以下 6 个方面：①开采分层工作面前方煤壁瓦斯涌出；②采落煤体瓦斯涌出；③工作面上部

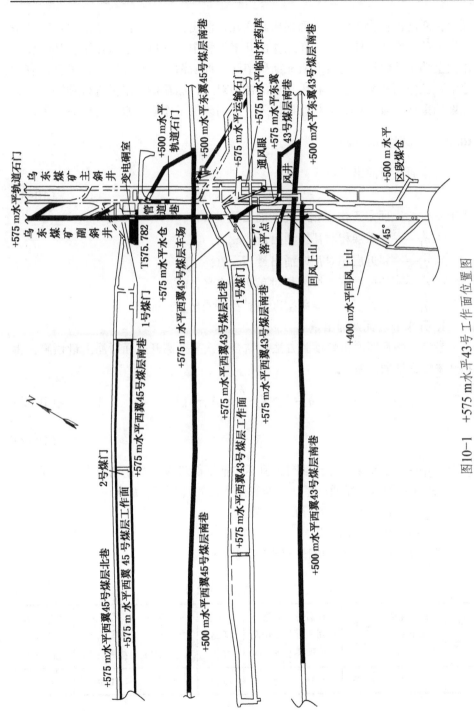

图10—1 +575 m水平43号工作面位置图

顶煤瓦斯涌出；④工作面下部煤层卸压瓦斯涌出；⑤采空区瓦斯涌出；⑥开采分层上部老空区瓦斯涌出。在工作面开采过程中，受负压通风作用，其综放工作面上隅角及附近架间会形成瓦斯聚集区，即所谓的高瓦斯区。为了合理有效地治理工作面瓦斯灾害，利用建立的模型对工作面瓦斯涌出量进行预测，设计瓦斯抽采钻孔对工作面进行瓦斯抽采，从而确保工作面正常、有序地开采。

10.2.2 瓦斯涌出预测

工作面瓦斯涌出量：

$$q_采 = q_1 + q_2 + q_3 + q_4 \tag{10-1}$$

式中 $q_采$——回采工作面相对瓦斯涌出量，m^3/t；

q_1——开采层相对瓦斯涌出量，m^3/t；

q_2——邻近层相对瓦斯涌出量，m^3/t；

q_3——开采层下部煤体相对瓦斯涌出量，m^3/t；

q_4——开采层上部老采空区相对瓦斯涌出量，m^3/t。

1. 开采分层瓦斯涌出量

参考矿井瓦斯涌出量预测方法，结合一次采全高开采瓦斯涌出量预测，得到开采层瓦斯涌出量：

$$q_1 = K_1 \times K_2 \times \frac{m}{m_0} \times (X_0 - X_C) \tag{10-2}$$

$$K_2 = \frac{1}{\eta} \tag{10-3}$$

式中 q_1——开采煤层（包括围岩但不包括下部煤体）瓦斯涌出量，m^3/t；

K_1——围岩瓦斯涌出系数，全部陷落法管理顶板，$K_1 = 1.20$；

K_2——工作面丢煤瓦斯涌出系数；

η——工作面采出率。

开采分层煤层瓦斯涌出预测结果见表10-1。

表10-1 开采分层煤层瓦斯涌出预测结果

煤层编号	围岩瓦斯涌出系数 K_1	采出率 η	工作面丢煤瓦斯涌出系数 K_2	开采层工作面 m_0/m	工作面采高 M/m	原始瓦斯含量 $W_0/$ $(m^3 \cdot t^{-1})$	残存含量 $W_C/$ $(m^3 \cdot t^{-1})$	瓦斯涌出量 $q_1/$ $(m^3 \cdot t^{-1})$
43	1.2	0.75	1.33	25.75	25.75	5.35	1.58	6.11

2. 邻近层瓦斯涌出量

根据 43 号煤层的赋存情况，上部 42 号、41-3 号、41-2 号、41-1 号煤层受到 43 号煤层采动影响，下部 44 号煤层受到 43 号煤层采动影响。根据邻近层瓦斯涌出量计算式可得到邻近层瓦斯涌出量：

$$q_2 = \sum_{i=1}^{n} \frac{m_i}{m_0} \times \zeta_i (X_i - X_{ic}) \tag{10-4}$$

式中　q_2——回采工作面邻近层瓦斯涌出量，m^3/t；

　　　m_i——第 i 个邻近层的煤厚，m；

　　　m_0——开采煤层的开采厚度，m；

　　　X_i——第 i 个邻近层的瓦斯含量，m^3/t，如无实测可以参考开采层选取；

　　　X_{ic}——邻近层的残存瓦斯含量，m^3/t，如无实测可以参考开采层选取；

　　　ζ_i——第 i 个邻近层受采动影响的瓦斯排放率，%。

邻近层瓦斯涌出预测结果见表 10-2。

表 10-2　邻近层瓦斯涌出量预测结果

层位关系	煤层编号	瓦斯含量 $X_0/$ $(m^3 \cdot t^{-1})$	煤层残存瓦斯含量 $X_C/$ $(m^3 \cdot t^{-1})$	邻近煤层平均厚度 m_i/m	与开采层间距/m	开采层厚度 m/m	排放率/%	相对瓦斯涌出量 $q_2/(m^3 \cdot t^{-1})$
上邻近层	41-1	5.35	1.58	2.24	70.92	25.75	15	0.07
	41-2	5.35	1.58	1.95	68.5		30	0.06
	41-3	5.35	1.58	0.96	55.8		48	0.03
	42	5.35	1.58	5.33	12.6		89	0.39
下邻近层	44	5.35	1.53	0.51	25.86		38	0.05
合计								0.59

3. 开采分层下部煤体瓦斯涌出

下部煤体的瓦斯涌出量根据前期推导公式得到，计算结果见表 10-3。

$$q_3 = \frac{1}{M} \sin^{-1} \alpha \left[\frac{(X - X_C)}{2} h_p + \frac{X_t}{6} h_p^2 \right] \tag{10-5}$$

式中　M——水平分段高度，m；

　　　X_C——残存煤层瓦斯含量，m^3/t；

X_t——瓦斯含量梯度，$(m^3/t) \cdot m$；

α——煤层倾角，$(°)$；

h_p——采动影响深度，m。

表10-3　下部煤体卸压瓦斯涌出量预测结果

煤层编号	煤层原始瓦斯含量 X_0/ $(m^3 \cdot t^{-1})$	煤层残存瓦斯含量 X_C/ $(m^3 \cdot t^{-1})$	采动影响深度 h_p/m	开采层厚度 m_0/m	最大瓦斯排放率/%	煤层倾角/ $(°)$	瓦斯含量梯度/ $(m^3 \cdot t^{-1} \cdot m)$	瓦斯涌出量/ $(m^3 \cdot t^{-1})$
43	5.35	1.58	30	25	100	45	0.0219	3.38

老空区一定比例的瓦斯也将涌向回采工作面，因此，回采工作面瓦斯涌出应考虑上部老空区瓦斯涌出，则：

$$q_4 = k'(q_1 + q_2 + q_3) \tag{10-6}$$

式中　k'——老空区涌出系数，取1.15。

通过分源法对瓦斯涌出量的预测，其预测结果见表10-4。

表10-4　工作面瓦斯涌出量构成

名称	涌出量/ $(m^3 \cdot t^{-1})$	比例/%
开采分层	6.11	52.72
邻近层	0.59	5.09
下部煤体	3.38	29.16
老空区	1.51	13.03
合计	11.59	100.00

工作面绝对瓦斯涌出量与工作面产量成正比，工作面产量越大，其绝对瓦斯涌出量就越大。+575 m 水平43 号煤层西翼工作面在不同产量下绝对瓦斯涌出量预测结果可按式（10-7）计算，结果见表10-5。

$$q_{采j} = q \times \frac{A}{1440} \tag{10-7}$$

式中　$q_{采j}$——工作面绝对瓦斯涌出量，m^3/min；

　　　q——工作面相对瓦斯涌出量，$11.59\ m^3/t$；

　　　A——工作面日产量，t/d。

表10-5　绝对瓦斯涌出量预测结果

产量/(t·d⁻¹)	1000	1200	1400	1600	1800	2000	2200	2400	2600
瓦斯涌出量/(m³·min⁻¹)	8.05	9.66	11.27	12.88	14.49	16.10	17.71	19.32	20.93
产量/(t·d⁻¹)	2800	3000	3200	3400	3600	3800	4000	4200	4400
瓦斯涌出量/(m³·min⁻¹)	22.54	24.15	25.76	27.37	28.98	30.58	32.19	33.80	35.41
产量/(t·d⁻¹)	4600	4800	5000	5200	5400	5600	5800	6000	
瓦斯涌出量/(m³·min⁻¹)	37.02	38.63	40.24	41.85	43.46	45.07	46.68	48.29	

通过分析表10-5，工作面瓦斯涌出主要来源于开采分层以及下部煤体卸压瓦斯涌出，开采分层主要包含了工作面煤壁和落煤瓦斯及采空区遗煤涌出的瓦斯。因此，有必要采取煤体预抽以及对下部卸压煤体进行瓦斯抽采。同时，受综放工作面采煤方法限制，其采出率较低，采空区遗煤中的瓦斯将大量涌出，邻近层及下部煤体卸压瓦斯会涌向采空区。在工作面通风负压作用下，会导致采空区的瓦斯涌向回采工作面，易造成工作面回风隅角瓦斯积聚。因此，针对瓦斯来源有必要采取强有力措施进行瓦斯抽采，进一步促进工作面的安全开采。根据工作面设计日产量为2790 t，在不采取瓦斯抽采措施的情况下，工作面瓦斯涌出总量为22.45 m^3/min。

10.3　工作面瓦斯抽采方案

10.3.1　预抽顺层长钻孔

利用煤门施工钻孔，煤门单侧布置钻孔20个，控制分层20 m的高度范围，在垂直高度分别控制0 m、10 m、20 m，沿着煤层走向设置5排钻孔。其中，最下一排布置6个钻孔，第二排布置5个钻孔，其他三排各布置3个钻孔，钻孔孔径为113 mm，封孔长度为10 m。钻孔布置如图10-2所示，钻孔参数见表10-6。

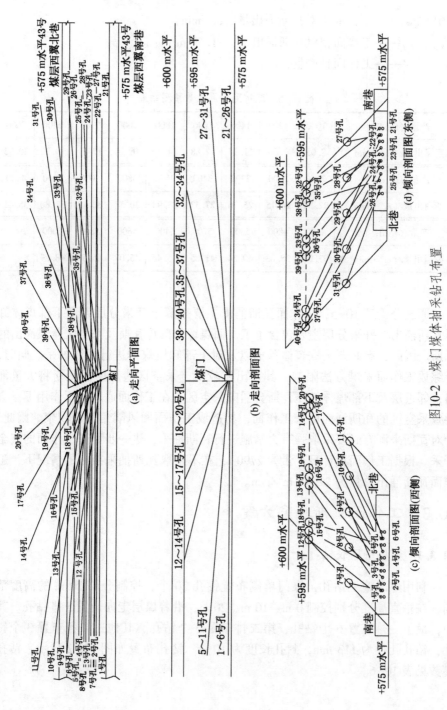

图10-2 煤门煤体抽采钻孔布置

表10-6 煤门预抽钻孔参数表

钻孔编号	倾角/(°)	偏角/(°)	钻孔长度/m	开孔高度/m	孔径/mm	备注
1	0	正西	210	1.2	113	
2	0	正西	208	1.2	113	
3	0	正西	206	1.2	113	
4	0	正西	204	1.2	113	
5	0	正西	203	1.2	113	
6	0	正西	201	1.2	113	
7	3	正西	210	1.6	113	
8	3	偏北2	208	1.6	113	
9	3	偏北3	206	1.6	113	
10	3	偏北5	205	1.6	113	
11	3	偏北6	204	1.6	113	
12	9	偏北6	123	2.0	113	
13	9	偏北11	124	2.0	113	
14	9	偏北18	127	2.0	113	
15	14	偏北6	80	2.0	113	
16	14	偏北14	81	2.0	113	
17	14	偏北24	87	2.0	113	
18	24	偏北8	36	2.0	113	
19	24	偏北24	38	2.0	113	
20	24	偏北41	35	2.0	113	

注：偏角是指与巷道走向的夹角，21~40号钻孔与前20号钻孔一致，沿东施工，在此舍去参数。

10.3.2 采中抽采措施

1. 采空区埋管抽采

工作面采用 $\phi355$ mm 抽采管路对采空区瓦斯进行抽采，在该抽采管路每20 m 处设置一个 $\phi355$PE 三通。在该管路进入采空区 20 m 时，在下一三通处对接 20 m 抽采管路，加设抽采花管，并留有蝶阀用于控制抽采流量（简称2号抽采管路）；当2号抽采管路进入采空区 20 m 时，将预留蝶阀打开，进行采空区抽采（根据日后抽采效果不断修正）；如此循环，直至工作面回采完毕。采空区埋管布置图如图 10-3 所示。

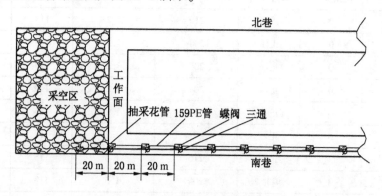

图 10-3 工作面尾巷架管抽放示意图

在采空区埋管过程中，每周对该抽采管路取样分析，根据气体分析结果对埋管抽采管路进行适当调整；每天对该抽采管路流量、浓度、负压、一氧化碳浓度、氧气浓度、甲烷浓度进行测定，重点观测管内一氧化碳浓度变化情况。

2. 顶板走向高位钻孔抽采

在西翼工作南巷南帮每隔 90 m 施工一个高位抽采钻场。该钻场内 6 个高位钻孔，分为两排布置，上排 3 个钻孔，终孔高度距离巷道底部 20 m，钻孔之间的间距为 6 m；下排 3 个钻孔，终孔高度距离巷道底部 10 m，钻孔间距为 3 m。钻孔孔径为 113 mm，封孔深度为 6 m。顶板走向高位钻孔布置如 10-4 所示，钻孔参数见表 10-7。

表 10-7 顶板走向高位钻孔参数表

钻孔编号	倾角/(°)	偏角/(°)	钻孔长度/m	开孔高度/m	孔径/mm	备注
1	6	偏北 4	150	1.8	113	
2	6	偏北 2	150	1.8	113	
3	6	正西	150	1.8	113	
4	3	偏北 2	150	1.2	113	
5	3	偏北 1	150	1.2	113	
6	3	正西	150	1.2	113	

注：偏角是指与巷道走向的夹角。

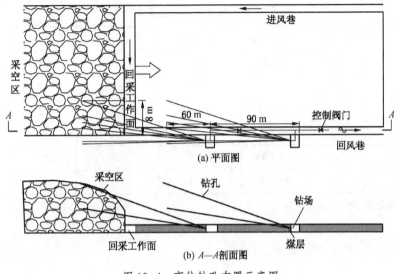

(a) 平面图

(b) A—A剖面图

图 10-4 高位钻孔布置示意图

10.3.3 卸压拦截抽采钻孔

由+500 m 水平 43 号煤层西翼南巷向+570 m 施工卸压瓦斯拦截抽采钻孔，其 500 m 边掘边抽钻场间距为 150 m。因此，向+570 m 水平施工卸压瓦斯拦截抽采钻孔，钻孔终孔间距为 31 m，钻孔分为两排开孔，钻孔具有不同的方位角和倾角。卸压拦截抽采钻孔布置图如图 10-5 所示，钻孔参数见表 10-8。

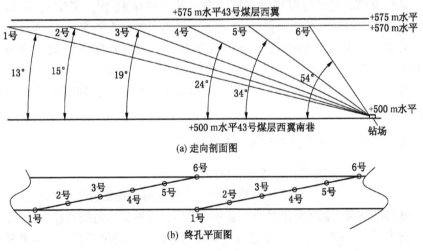

(a) 走向剖面图

(b) 终孔平面图

图 10-5 卸压拦截抽采钻孔布置示意图

表 10-8　板走向高位钻孔参数表

钻孔编号	倾角/(°)	偏角/(°)	钻孔长度/m	开孔高度/m	孔径/mm	备注
1	20	正西	220.0	1.2	113	
2	23	偏北 1	192.3	1.2	113	
3	27	偏北 4	167.2	1.2	113	
4	32	偏北 8	141.9	1.8	113	
5	40	偏北 14	119.3	1.8	113	
6	51	偏北 24	103.8	1.8	113	

注：偏角是指与巷道走向的夹角。

10.4　瓦斯抽采效果分析

10.4.1　预抽效果分析

工作面在进行煤层瓦斯预抽后，根据工作面煤层赋存情况以及工作面瓦斯含量，该工作面可抽瓦斯量为 $239.4×10^4 m^3$；根据瓦斯抽采监控情况得到该工作面预抽瓦斯量为 $98.2×10^4 m^3$，风排瓦斯量为 $51.8×10^4 m^3$，该工作面的预抽率为 41.1%。根据煤炭储量和煤层瓦斯含量以及预抽量和风排量，计算得到经预抽之后残余煤层瓦斯含量为 $3.01 m^3/t$，可解吸瓦斯含量为 $1.42 m^3/t$。对工作面进行现场测定可解吸煤层瓦斯含量，其中取样 12 次，平均 50 m 取样一次，测定最大可解吸瓦斯含量 $2.63 m^3/t$，平均可解吸瓦斯含量 $1.53 m^3/t$。根据《煤矿瓦斯抽采达标暂行规定》的要求，生产能力达到 2501～4000 t/d，其可解吸瓦斯含量 ≤ $6.0 m^3/t$ 时，则可以判定回采工作面预抽效果达标。该回采工作面日产量 2790 t，通过实测和抽采数据分析，判定该工作面抽采达标。

10.4.2　工作面回采过程中瓦斯涌出情况

1. 回采工作面进风巷瓦斯涌出情况

根据 +575 水平 43 号煤层西翼工作面进风巷现场数据分析可知，在工作面回采过程中进风巷瓦斯涌出量最大值基本稳定，瓦斯涌出量维持在 $0.5 m^3/min$，最大涌出量为 $1 m^3/min$，总体进行瓦斯涌出量较低。进风巷瓦斯涌出量变化曲线如图 10-6 所示。

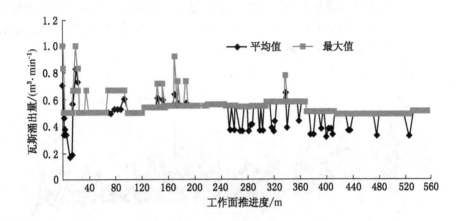

图 10-6 进风巷瓦斯涌出量变化曲线

2. 回采工作面中部瓦斯涌出情况

工作面中部瓦斯浓度随着工作面的推进上下波动，瓦斯浓度最大值达到 0.26%，瓦斯浓度大部分稳定在 0.05%，瓦斯浓度较低，治理效果较好。工作面瓦斯深度变化曲线如图 10-7 所示。

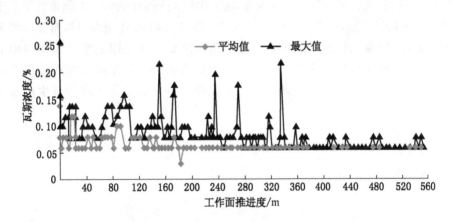

图 10-7 工作面瓦斯浓度变化曲线

3. 回采工作面回风巷瓦斯涌出情况

根据 +575 m 水平 43 号煤层工作面回风巷瓦斯涌出情况，工作面在开始回采期间瓦斯涌出量较大，最大值达到 4.3 m³/min。随着工作面的推进以及采空区埋管和顶板走向高位钻孔、卸压拦截钻孔进行瓦斯抽采，导致瓦斯涌出量有所减小。从瓦斯涌出量的最大值、平均值及最小值曲线可以得出瓦斯涌出量有降低趋势，回风巷瓦斯涌出量变化曲线如图10-8所示。

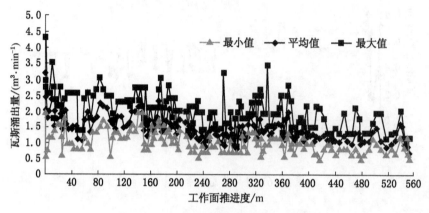

图 10-8　回风巷瓦斯涌出量变化曲线

4. 回采工作面回风隅角瓦斯情况

在整个工作面回采过程中，回风巷上隅角瓦斯浓度比进风巷以及工作面中部瓦斯浓度较大，回风巷上隅角瓦斯浓度最大值达到0.79%，上隅角瓦斯浓度变化如图10-9所示。随着工作面的推进，在0~140 m范围内上隅角瓦斯浓度逐渐增加，随着工作面继续推进，瓦斯浓度降低。在工作面推进300~440 m过程中，上隅角瓦斯浓度突然增大，根据分析可知，这期间工作面推进度较大，煤炭产量较多，而上隅角瓦斯涌出量与工作面的日推进度和日生产量有

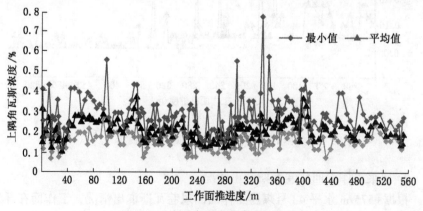

图 10-9　上隅角瓦斯浓度变化曲线

关，但处于合理生产范围之内。

5. 回采过程中瓦斯抽采情况分析

根据采空区埋管现场实测数据分析，瓦斯抽采浓度随着工作面的推进逐渐增大。在 14.2～215 m 范围内，瓦斯抽采浓度呈递增趋势，浓度最大值达到 13%，抽采效果较为理想，瓦斯抽采效果与瓦斯埋管深度息息相关。根据现场数据分析，埋管过短达不到工作面上隅角瓦斯治理效果，埋管较长对工作面火区治理影响较大。在后期，通过埋管深度的调整，在 397～520 m 范围内，瓦斯抽采浓度逐渐增大，最大值达到 30%，抽采效果较为理想。因此，要严格控制采空区埋管深度。采空区埋管抽采参数变化曲线如图 10-10 所示。

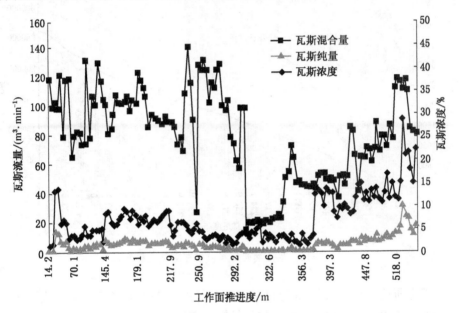

图 10-10　采空区埋管抽采参数变化曲线

10.4.3　工作面回采情况

通过前期的煤体预抽及采中抽采，实现了乌东煤矿 +575 m 水平 43 号煤层西翼综采工作面的安全回采；该工作面于 2014 年 9 月 19 日开始回采，于 2015 年 3 月 26 日回采结束，累计推进 553 m，实现原煤产量 248298.8 t。

在工作面回采过程中，回风平均瓦斯浓度为 0.16%，最大瓦斯浓度为 0.54%。工作面面上的瓦斯浓度基本长期维持在 0.06% 左右。在工作面回采过程中，上隅角最小瓦斯浓度为0.08%，平均瓦斯浓度为0.22%，最大瓦斯浓度为0.78%（仅出现一次），上隅角瓦斯浓度长期维持在0.3%左右。

整个工作面在生产期间无一瓦斯超限事故。生产期间，平均日进尺3.90 m，最大日进尺达到9.50 m，平均日产量为1683.12 m³/t，最大日产量可达4030.00 m³/t，累计推进533 m，累计安全生产原煤产量为26.08×10⁴ t；工作面预抽瓦斯98.2×10⁴ m³，采空区埋管抽采15.5×10⁴ m³，高位钻孔累计抽采7.2×10⁴ m³，卸压拦截抽采钻孔共计抽采10.9×10⁴ m³，合计抽采瓦斯量131.8×10⁴ m³。生产期间工作面推进度与产量关系如图10-11所示。

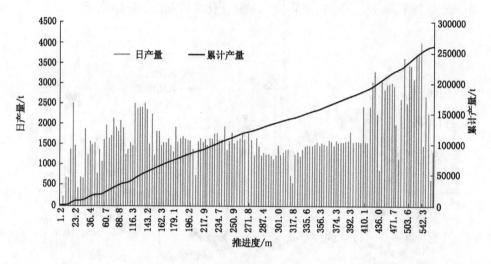

图10-11　生产期间工作面推进度与产量关系

综上所述，+575 m水平通过采取采前预抽、采中抽采等措施，实现了工作面回采过程中瓦斯超限事故为零的目标，实现了工作面的安全回采。